김대식

카이스트 전기 및 전자과 교수. 독일 막스—플랑크 뇌과학연구소Max-Planck Institut für Hirnforschung에서 뇌과학으로 박사학위를 받았다. 미국 MIT에서 뇌인지과학 박사후 과정을 밟고 일본 이화학연구소RIKEN 연구원으로 재직했다. 이후 미국 미네소타대학교 조교수, 보스턴대학교 부교수로 근무했다. 뇌과학과 뇌공학, 사회 뇌과학, 인공지능 등 다양한 분야를 연구하고 있다. 조선일보에 뇌과학 칼럼 〈김대식 교수의 브레인 스토리〉, 중앙 SUNDAY에 〈김대식의 BIG QUESTIONS〉를 연재중이다.

김대식의 빅퀘스천
우리 시대의 31가지 위대한 질문

ⓒ 김대식, 2014. Printed in Seoul, Korea.

초판 1쇄 펴낸날 2014년 12월 3일 | **초판 15쇄 펴낸날** 2023년 2월 28일

지은이 김대식 | **펴낸이** 한성봉
편집 강태영 · 안상준 | **디자인** 김숙희 | **마케팅** 박신용 · 강은혜 | **경영지원** 국지연
펴낸곳 도서출판 동아시아 | **등록** 1998년 3월 5일 제1998-000243호
주소 서울시 중구 퇴계로30길 15-8 [필동1가 26]
페이스북 www.facebook.com/dongasiabooks | **전자우편** dongasiabook@naver.com
블로그 blog.naver.com/dongasiabook | **인스타그램** www.instagram.com/dongasiabook
전화 02) 757-9724, 5 | **팩스** 02) 757-9726

ISBN 978-89-6262-088-7   03400

우리 시대의 31가지 위대한 질문

BIG
QUESTION

김대식의
빅퀘스천

김대식 지음

동아시아

삶은 의미 있어야 하는가

우리는 왜 정의를 기대하는가

만물의 법칙은 어디에서 오는가

삶은 의미 있어야 하는가

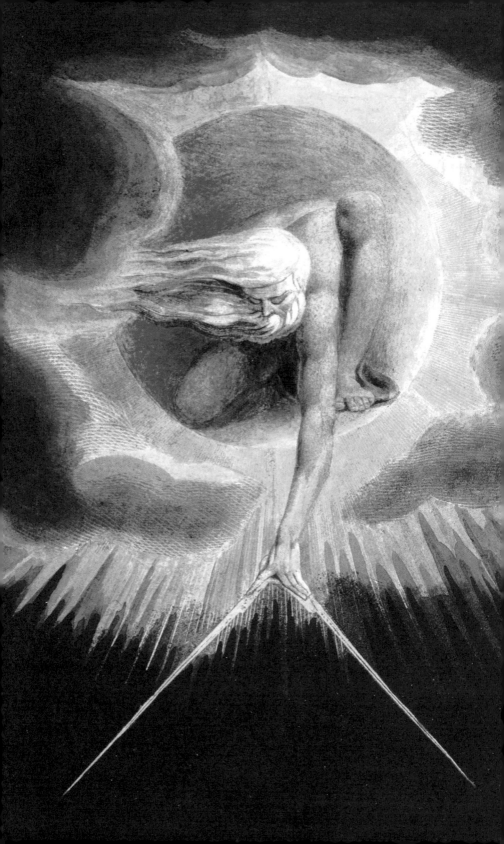

존재는 왜 존재하는가

BIG QUESTION

눈을 뜨고 세상을 보면 수많은 것들이 보인다. 책상, 몸, 사람, 구름. 그런가 하면 보이지 않지만 인지적으로 아는 것들이 있다. π, 힉스입자, 완벽한 원. 마지막으로 내면에서 더 잘 느껴지는 것들이 있다. 자아, 기억, 감정, 사랑. 이 모든 것들은 공통점이 하나 있다. 존재한다는 것. 그런데 이들은 어떤 이유로 존재하는 것일까? 존재는 왜 존재하는가?

우선 '나'부터 시작해보자. 나는 왜 존재하는가? 내 존재의 원인은 부모일 것이다. 내 부모 역시 그들의 부모 덕에 세상에 태어났을 것이고. 이렇게 지구 모든 인간들의 과거를 추적해보면 우리 모두 약 400만 년 전 동아프리카에 살던 오스트랄로피테쿠스에서 진화했다고 추론할 수 있다. 물론 그들 역시 약 46억 년 전 탄생한 지구 없이는 존재할 수 없었을 것이다. 현재의 나, 지구, 1,000억 개가 넘는 은하, 우주의 모든 것들은 약 137억 년 전 거대한 우주 폭발, 빅뱅을 통해 탄생했다는 것이 현대 과학의 이론이다.

그럼 우주는 왜 탄생한 것일까? 우주 그 자체의 존재 원인은 무엇일까? 뉴질랜드 마오리족들은 우주가 최초의 부부인 랑기Rangi와 파파Papa 사이에서 태어났다고 생각했다. 중앙아프리카에서는 붐바Bumba라는 신이 외로움 끝에 토해낸 것이 우리가 사는 세상이라고 믿었고, 안데스의 잉카인들은 비라코차Viracocha 신이 티티카카 호수에서 나와 바위에 바람을 불어 세상을 창조했다고 믿었다. 탈레스, 헤라클레이토스, 아낙시만드로스는 각각 우주가 물, 불 또는 무한無限에서 시작됐다고 주장했고, 플라톤과 아리스토텔레스는 우주가 빈 공간에서 창조됐다고 생각했다. 유대교는 야훼 신이 형태가 없는 무질서 tohubohu에서 우주를 만들었다고 여겼다.

로마제국 지식인들 사이에서 확산되기 시작한 기독교는 타 종교들과 차별된, 조금 더 혁신적인 우주생성론이 필요했다. 2~4세기 초기 기독교 지식인들은 전통 헬레니즘의 신플라톤주의, 이단적 그노시스주의(1~2세기 기독교에 맞선 지적·신비주의적 종교사상운동)와 철학적 주도권을 가지고 격렬한 논쟁을 벌었다. 플로티누스, 포피리, 이암블리코스 같은 신플라톤주의자들은 플라톤의 대화편 『티마이오스』에 나오는 '제작자' 데미우르고스가 형태 없는 빈 공간에서 우주를 창조했다고 믿었다. 특히 '하나의 존재The One'라는 이론을 제시한 플로티누스는, 데미우르고스가 이데아 세상의 이성적 존재들이 인간 세상에서도 표현될 수 있도록 만들었다고 주장했다. 그런가 하면 마키온, 아펠레스, 마니 같은 그노시스주의자들은 "세상은 잔인하고 불행하므로 이런 추한 세상을 만든 데미우르고스는 절대 자비로울 수 없고, 존재는 바로 사악한 신 이알다바오트를 통해 창조됐다"라고 주장했다.

유대-기독교의 단일신이 데미우르고스나 이알다바오트보다 우월하다는 증명이 절실했던 이 시기에, 아우구스티누스 같은 초기 기독교 교부들은 "신은 절대적 기능과 권한을 가졌으므로 우주 창조에 자비와 의지 외에 그 아무것도 필요 없었을 것"이라는 창의적인 아이디어를 제시했다. 존재는 무에서 창조되었다(creatio ex nihilo), 신 외에 그 아무 이유도 없다는 것이다.

우리는 여기서 두 가지 질문을 할 수 있다. 먼저 일찌감치 루크레티우스가

『De rerum natura(사물의 본성에 관하여)』에서 말한 '무에서는 아무것도 창조될 수 없다ex nihilo nihil fit'라는 식으로 질문할 수 있다.[1] 물론 아우구스티누스는 "유를 무에서 창조했다는 그 자체가 바로 신의 절대 능력을 증명한다"라고 쉽게 답했을 것이다. 루크레티우스 0점, 아우구스티누스 1점. 그렇다면 조금 더 어려운 질문을 해볼 수 있다. 존재하는 모든 것에 원인이 있어야 하고 그 원인이 바로 신이라면, 신의 존재 원인은 무엇인가? 신은 왜 존재하는가? '끝없는 질문'. 어린아이들은 가끔 끝없이 이어지는 "왜?"라는 질문으로 어른들을 당혹하게 만든다.

"초콜릿 먹으면 왜 안 돼?"

"이 상하니까."

"이 상하면 왜 안 돼?"

"음식을 못 먹으니까."

"음식 못 먹으면 왜 안 돼?"

"아파 죽을 수 있으니까."

"죽으면 왜 안 돼?"

"엄마 아빠가 슬프니까."

"슬프면 왜 안 돼?"

"……"

아리스토텔레스는 끝없는 질문을 종결시킬 수 있는 논리적 방법을 제시했다. 우선 A의 원인은 B, B의 원인은 C, C의 원인은 A라는 순환적 논리를 써볼 수 있다. 하지만 이 말은 A의 원인은 A라는 말과 같다. 초콜릿을 먹으면 안 되는 이유가 바로 '초콜릿을 먹으면 안 되기 때문'이라는 논리로는 어린아이도 설득하기 어렵다. 다음으로 '왜'라는 질문을 끝없이 해보는 방법이 있다. 이런 논리는 얼마든지 가능하지만, 어딘가 찜찜하다. 모든 것에는 언젠가는 끝이 있어야 하지 않을까? 물론 '왜'라는 질문을 어딘가에서 무작정 끊어볼 수도 있다. "엄마, 아빠는 너를 사랑하니까 너는 아프면 안 돼. 끝." 이런 식으로 말이다.

모든 질문의 최종적인 답과 모든 존재의 원인을 Ω(오메가)라고 생각해보자. 무작정 '끝' 같은 제멋대로의 방식으로는 Ω가 설득력 있는 원인이 될 수 없다. 그래서 아리스토텔레스는 만물을 Ω와 그 외에 모든 존재, 두 갈래로 나누었다. 모든 존재들은 논리적이고 조건적이므로 존재하기 위해서는 원인이 필요하다. 하지만 그 모든 것의 원인인 Ω 자체는 앞의 존재들을 위해 논리적으로 필요하므로 원인이 필요 없다. 라이프니츠는 '신'을 바로 논리적으로 필요한, 절대로 존재하지 않으면 안 되는 Ω라고 가설하고 '왜 무가 아니고 유인가?'라는 질문에, "답은 신이며, 신의 존재는 논리적으로 필요하기 때문"이라고 대답했다. 하지만 여기도 역시 논리적 문제가 뒤따른다. 흄과 칸트가 지적했듯 세상에 논리적으로 불가능한 것들은 있지만, 논리적으로 필요한, 다시 말해 논리적으로 존재하지 않으면 안 되는 것은 논리적으로 증명할 수 없다.

'존재는 왜 존재하는가?'라는 질문은 결국 논리적으로 접근할 수 없는 무의미한 난센스로 취급됐고, 18세기부터는 수학이라는 절대 증명을 요구하는 물

CASUS

TC. invent.

ABurghers delin. et sculp.

리학적 질문들로 탈바꿈했다. 라이프니츠의 논리적 모순을 잘 알던 대부분의 물리학자들은 그래서, 우주는 영원하고 변하지 않으며 시작점이 있을 수 없다는 가설을 선호하게 된다. 심지어 아인슈타인은 자신이 만들어낸 일반 상대성이론에 따르면 우주가 중력으로 인해 줄어들 수도 있다는 것을 간파하고, 자신의 방정식에 불필요한 상수 하나를 추가해 '영원한 우주 모델'을 구해보려고 했다는 일화도 있다.

하지만 아쉽게도 아인슈타인의 영원한 우주는 환상에 불과했다. 일반 상대성이론을 완성한 지 불과 몇 년 후 우주는 명백히 팽창하고 있다는 사실이 발견되었고, 급기야 우주의 모든 것들이 약 137억 년 전 빅뱅이라고 불리는 대폭발을 통해 무한히 작은 점에서 시작됐다는 이론이 제시된 것이다. 급기야 1951년 교황 비오 12세는 빅뱅 이론을 창세기의 과학적 설명이자 '신의 존재를 증명하는 근거'라고까지 선언한다.[2] 그럼에도 우리는 다시 한 번 어린아이 같은 질문들을 해볼 수 있다. 빅뱅 이전에는 무엇이 있었을까? 빅뱅은 왜 일어난 것일까?

일반 상대성이론과 양자역학은 각각 중력을 통한 거시적인 간격들과, 플랑크 간격 사이에 일어나는 미시적인 현상들을 설명한다. 그런데 만약 우주의 모든 존재들이 단 하나의 점에서 시작됐다면 양자역학적 원리들이 우주 전체에 적용되어, 수학적으로는 증명할 수 있지만 받아들이기 어려운 반직관적인 현상들이 나타나게 된다. 그중 가장 받아들이기 힘든 설명은 우주가 무에서 아무 이유 없이 랜덤으로 만들어졌을 수도 있다는 이야기이다.

이를 위해서는 '무'의 의미에 대한 조금 더 자세한 이해가 필요하다. '무'를 직관적인 정의에 가까운, '아무것도 없는 빈 공간'이라고 생각해보자. 루크레티우스는 무에서 유가 만들어질 수 없다고 생각했지만, 플랑크 크기의 '무'에 가까운 공간에서도 양자파동을 통해 우주의 모든 존재들이 충분히 형성될 수 있다. 하지만 아무리 작은 플랑크 크기의 빈 공간에 가까운 '무'에도 여전히 공간과 양자역학이라는 자연의 법칙들이 작용한다. 호킹은 그래서 한 단계 더 나아가 양자우주론과 양자중력학을 이용하면 공간 그 자체가 양자파동적으로, 다시 말해 아무 이유 없이 랜덤으로 생산될 수도 있다는 것을 보여줬다.

존재는 왜 존재하는가? 왜 무가 아니고 유인가? 현대 물리학의 답은 단순하다. 물체와 공간이 존재하지 않는 '무'는 양자역학적으로 불안정하기 때문이다. '무'는 오래갈 수 없기 때문에 '유'이다. 마찬가지로 아무것도 존재하지 않는 '무'는 랜덤으로 변하지 않으면 안 되기 때문에 우리는 존재하는 것이다.

우리는 왜 먼 곳을 그리워하는가

IG QUESTION

기원전 5세기 '항해자 하노Hanno'는 고향 카르타고를 떠나 머나먼 서쪽으로 향한다. 페니키아에서 추방당한 여왕 디도Dido가 건국한 카르타고. 가나안의 도시 티레Tyre를 떠나 험한 지중해를 건너온 디도의 아름다움에 빠진 북아프리카 왕 이아르바스는, 소가죽 하나로 덮을 수 있을 만큼의 땅을 선물하겠다고 말한다. 디도는 그 가죽을 가늘게 잘라 언덕 전체를 둘러싸게 해 카르타고를 세운다. 먼 고향을 등지고 새 땅을 개척한 디도와 카르타고인들은, 하지만 주어진 땅에 조용히 머무르지 못했다. 그들은 북아프리카 해안을 장악하고 해상 무역 제국을 건설한다.

하노는 궁금했다. 북아프리카 서쪽 해안에 우뚝 선 '헤라클레스의 기둥'. 고대인들이 세상의 끝이라고 생각했던 스페인과 아프리카 사이 좁은 해협에 위치한 그 기둥을 넘으면, 정말 아무것도 없을까? 어떻게 세상에 끝이란 것이 있을까? 하노의 원정대는 산보다 높은 파도를 넘고, 배고픔과 목마름을 견디며 오늘날 카메룬 근처 중앙아프리카에 도착한다. 새로운 세상을 발견한 것이다. 자신의 책 『대항해Periplus』에서 하노는 말한다.

"…(아프리카 대륙에서) 가장 쑥 들어가 있는 곳엔 섬이 있고, 섬 안엔 호수, 그리고 또 하나의 섬의 있다. 그 섬엔 매우 거칠고 긴 털을 가진 '사람들'이 살고 있었다. 우리를 안내한 가이드들은 그들 중 '남자만큼이나 거칠고 털이 많은 여자'들을 '고릴라이Gorillai'라고 불렀다."

로마제국 멸망 후 혼돈과 미개의 세상으로 퇴보한 북유럽을 장악한 바이킹. 노르망디, 영국, 스코틀랜드, 그리고 이탈리아 시실리를 정복하고 노르드인Norsemen들이 자랑스럽게 '비킹르vikingr(바이킹)'라고 불렀던 탐험대 역시 서쪽 세상으로 눈을 돌리기 시작한다. 헤라클레스의 기둥 서쪽에는 어떤 왕국들이 있을까? 얼마나 많은 황금과 노예와 아름다운 여자들이 그들을 기다리고 있을까? 눈이 하나뿐인 키클롭스, 당나귀 귀를 가진 괴물, 발이 하나뿐인 거인들이 살고 있을까? 대서양을 지나면 또 무엇이 나올까? 하지만 헤라클레스 기둥 서쪽의 대서양에는 암흑의 바다만 펼쳐져 있는 것처럼 보였고 결국 바이킹들은 헤라클레스의 기둥 대신 스코틀랜드 서쪽 바다부터 탐험하기 시작한다. 8세기, 그들은 북대서양 한복판에서 아이슬란드를 발견한다.

그로부터 200년 후, 고향 노르웨이에서 추방되어 아이슬란드에 도착한 에이리크 토르발드손Eirikur Þorvaldsson(950~1020)은 절망에 빠진다. 아이슬란드는 이미 개척되었고, 더 이상의 모험은 불가능할 것처럼 보였다. 노르드인 남자들은 새로운 땅을 정복하고 용의 목을 베어 스칼드Skald와 에다Edda 같은 전설에 모험담을 싣는 것을 명예로 여긴다. 에이리크 역시 자신의 모험담을 후손들이 노래해야 잊히지 않을 것이라고 여겼다. 그래야 영원히 살 수 있다고. 영원히 살 수 없다면 숨이 멈추는 순간, 늙어 떨리는 손으로 더 이상 무거운 방패와 긴 칼을 잡을 수 없게 되는 순간, 에이리크 토르발드손은 사라져버린다고. 에이리크는 아이슬란드보다 더 서쪽을 탐험하기로 결심한다.

무섭고 험한 바다 북대서양은 나약한 자와 두려움을 허락하지 않는다. 하지만 용감한 에이리크는 바이킹들의 배 '스네크야Snekkja'를 타고 거대한 빙산

을 피하고 살인적인 추위를 견뎌낸 끝에 거대한 육지를 발견한다. '얼음의 섬'에 불과한 '아이슬란드'보다 자신이 발견한 땅이 얼마나 더 멋지고 훌륭한지 강조하고 싶었던 것일까? 에이리크는 자신이 발견한 섬을 '그린란드', 그러니까 '푸른 땅'이라고 부른다.

인간은 왜 먼 곳으로 떠나고 싶어 할까? 황금과 명예만은 아닐 것이다. 모험과 탐험은 항상 위험하다. 비행기, GPS, 고어텍스 옷을 가진 오늘날도 그렇지만 눈 하나, 발 하나 달린 괴물들을 두려워했던 고대인에게 모험은 자살행위와 다름없었다. 황금과 명예와 노예는, 안전한 고향과 따뜻한 연인의 품을 등지고 모험을 떠나는 자기를 정당화하려는 최면일 수도 있다. 그렇다면 무엇이 인간을 한없이 먼 곳을 그리워하게 하는 것일까?

태어나고 자란 고향을 그리워하는 향수병은 대부분의 문화에 존재한다. 인간의 뇌에는 '결정적 시기'라는 것이 있는데, 이 시기의 뇌는 젖은 찰흙 같아 주변 환경의 영향으로 자유자재로 주물러지고 변형될 수 있다. 오리는 태어난 지 몇 시간, 고양이는 4주에서 8주, 원숭이는 1년, 인간은 약 10년까지 유지되는 '결정적 시기'에 겪은 다양한 경험을 통해 뇌 구조가 완성된다. 그래서 아이슬란드에서 성장한 뇌는 아이슬란드에 최적화된 뇌를, 카르타고에서 자란 뇌는 카르타고에 최적화된 뇌를 가지게 된다.

고향이란 우리의 생각과 감정과 희망을 만든 원인, 바로 그 자체이다. 그런 곳을 그리워하는 것은 너무나 당연하다. 하지만 익숙한 고향이 아닌 '먼 곳'에 대한 그리움은 다르다. 독일어에는 고향을 그리워하는 '하임베Heimweh'와 반대로 먼 곳을 그리워하는 '페른베Fernweh'라는 단어가 있다. 알지도 못하고 익숙하지도 않은 그 먼 곳에서 우리는 무엇을 얻으려는 것일까?

신화학자 조지프 캠벨Joseph Campbell은 "인류의 모든 전설과 신화에는 하나의 공통점이 있다"라고 주장했다. 떠나는 자에게는 언제나 사랑하는 사람들을 떠나야 하는 이유가 있다. 이유 없이 떠나는 사람은 없다. 그것이 바로 헤어짐이다. 자신에게 익숙한 세상과 이별한 자에게는 도전과 시련이 기다리고 있다. 그것이 바로 성숙이다. 떠남을 통해 성숙한 자는 다시 익숙한 세상으로 돌아온다. 하지만 돌아온 자는 더 이상 떠나기 전의 그 사람이 아니다. 그것이 귀향이다. 캠벨은 이렇게 인류의 모든 스토리들이 헤어짐, 성숙, 그리고 귀향으로 이뤄진다고, 이 과정이야말로 인류 공통의 '단일신화monomyth'라고 이야기한다.

이집트 신화에서 지상을 통치하던 오시리스는 동생 세트에게 살해당하지만 여동생이자 아내인 이시스의 도움으로 부활해 사랑을 나누게 된다. 우르 제국의 왕 길가메시는 괴물 훔바바를 죽이고 불사신이 되기 위해 우트나피쉬팀을 만난다. 영생을 얻지는 못하지만 길가메시는 삶과 죽음의 비밀을 이해하고 고향 우루크로 돌아온다. 10년 동안의 트로이 전쟁에서 승리한 오디세우스는 또다시 10년이라는 긴 세월을 거쳐 고향으로 돌아온다. 인육을 먹는 키클롭스의 눈을 멀게 하고, 돼지로 변신한 부하들을 구하고, 유혹하는 사이렌들의 노래를 견디며 고향 이타카로 돌아온 오디세우스는 하지만 20년 전 떠난 오디세우스가 아니었다. 아내 페넬로페마저 그를 알아보지 못했다. 은하제국군에 의해 부모를 잃은 루크 스카이워커는 반란군에 가입한다. 혜성 안에 사는 괴물과 거대한 4족 로봇들을 물리친 스카이워커는 제다이 기사가 되어 악의 세력 시스족의 우두머리이자, 암흑의 제다이인 펠퍼틴 황제마저 죽이고 공화국을 재건한다. 하지만 이 과정에서 스카이워커는 변하고, 원수라고 생각했던 다스 베이더가 자신의 아버지라는 사실을 알게 된다.

우리가 떠나는 진정한 이유는 어쩌면 다시 돌아오기 위해서인지 모른다. 깨달음을 얻어 돌아올 수도 있고, 황금과 명예를 얻어 귀향할 수도 있다. 삶과 죽음의 비밀을 이해할 수도 있고, 자기 존재의 비밀을 깨닫고 고향으로 돌아올 수도 있다. 하지만 존재하는 것에는 돌아올 수 없는 하나의 헤어짐이 있다. 죽음이다. 죽음은 '그다음'이 없는 끝이다. 존재하는 이들이 가장 두려워하는 것은 무엇일까? 키클롭스도, 사이렌도, 요괴도 아니다. 바로 '끝'이다. 영화 마지막 장면에 나타나는 문장, 'The End'. 물론 이것이 완전한 끝은 아니다. 영화가 끝나면 불이 켜지고 인생은 계속된다. 존재하는 동안 '끝'이란 없다. 모든 '끝'은 또 하나의 새로운 '시작'일 뿐이다. 하지만 죽음만은 다르다. 죽음은 '그다음'이 불가능한 '끝'이다.

그래서 인간은 모험과 탐험을 통해 '끝'이 존재하지 않는다는 것을 증명하려는지 모른다. 하노는 헤라클레스의 기둥이 세상의 끝이 아니기를 바랐고, 에이리크는 아이슬란드가 세상의 끝이 아니라고 믿었다. 지금 이곳이 세상의 끝이라면, '다음'이 없는 '끝'이 존재한다면, 그것은 무섭고 받아들이기 힘든 사실일 것이다. 그렇기에 우리는 우리 존재가 끝이 없을 것이라고 믿는다. '죽음'이라는 '끝'은 허상이며, 하노와 에이리크가 금과 은, 신기한 동물들을 잔뜩 싣고 고향으로 돌아온 것처럼, 죽은 자 역시 언젠가는 더 빛나고 더 찬란한 모습으로 돌아올 것이라고.

태양계를 떠나 머나먼 우주를 향해 가고 있는 미 항공우주국 나사NASA의 탐사선 파이어니어Pioneer 10호와 11호에는 지구인들의 메시지가 담겨 있다. 태양에서 세 번째 혹성 '지구'에서 왔다고, 남자 그리고 여자가 존재한다고, 수소가 지구 생명체의 근원이라고. 그리고 한 남자가 오른손을 들어 인사한다. 우리는 먼 곳에서 왔고 친선을 원한다고, 아직 우리 외에 지각 있는 그 어떤 존재도 만나보지 못했다고. 우리는 외롭다고.

　파이어니어의 메시지를 통해 우리는 오래된 인류 공통의 단일신화를 계속 이어가고 있는지 모른다. 그러면서 우리는 확신한다. 우주에는 끝이 없으며 모든 끝은 또 다른 새로움의 시작이라고. '그다음 이야기'가 존재하지 않는 끝은 없다고.

원인이란 무엇인가

IG QUESTION

순진함이었을까? 어리석음? 아니면 어쩔 수 없는 운명인 것일까? 월스트리트저널Wall Street Journal의 기자 대니얼 펄Daniel Pearl은 2002년 1월 파키스탄의 수도 카라치에 도착한다. 이슬람 극단주의자 테러사건을 취재하기 위해서였다. 일은 순조롭게 진행되는 듯했다. 베일에 감추어진 테러단 두목을 인터뷰할 기회가 생긴 그는 처음 만난 이들을 순순히 따라 나선다. 그들이 미국인을 얼마나 증오하는지 대니얼은 잊었던 것일까? 그리고 그는 절대로 잊어서는 안될 또 한 가지 사실을 놓쳤는지 모른다. 아버지도 어머니도, 그리고 그 역시 유태인이라는 사실을.

준비된 덫에 대니얼은 걸려들었고, 그를 납치한 자들은 현실적으로 가능한 그 무엇도 요구하지 않았다. 테러단원들은 단지 복수를 원했다. 수십 년 동안 자신들이 느꼈던 서러움과 불공평, 이스라엘과 미국에 대한 증오. 그리고 그들의 손안에 미국인이자 유태인인 대니얼 펄이 있었다. 카메라 앞에서 자신의 '죄'를 고백한 후 고개 숙이고 앉아 있는 대니얼. 복면을 쓴 누군가가 칼을 꺼낸다. 마치 어린 양의 목을 베는 듯 능숙한 솜씨로, 아직 숨쉬고, 생각하고, 후회하고, 여전히 살 수 있을 것이라는 희망을 버리지 못했을 대니얼의 목을 자르기 시작한다.

대니얼의 참수장면은 고스란히 유튜브에 올라간다. 호기심과 역겨움, 타인의 고통, 그리고 이 무서운 세상에 나는 안전하다는 안도감…. 3분 36초짜리 동영상을 보는 수많은 이들이 느꼈을 것이다. 그리고 또 한 사람이 그 동영상을 보고 있었다. 절대 봐서는 안 되는 장면을. 하지만 사랑하는 사람의 마지막 모습이라 안 볼 수 없었던 대니얼의 아버지 주데아 펄Judea Pearl이었다.

세계 최고의 논리학자이자 수학자이며, 컴퓨터공학의 노벨상인 튜링상 Turing Award을 수상하기도 한 대니얼의 아버지 주데아 펄은 생각한다. 세상은 논리적 인과성의 연속이다. 비가 오면 땅이 젖고, 열쇠를 돌리면 문이 열린다. 대니얼이 왜 죽어야 했을까. 단지 복면 쓴 정체 모를 그 남자 때문일까? 아니면 대니얼이 카라치로 찾아갔기 때문일까? 만약 대니얼이 기자가 아닌 과학자가 되었다면? 아니, 대니얼을 낳게 한 자신이 바로 그 원인이라면? 혹 재앙의 진정한 원인은 이미 먼 과거에 뿌려진 게 아닐까? 팔레스타인을 몰아내고 그들의 땅을 차지한 이스라엘? 2,000년 동안 유태인을 학살하고 차별하던 기독교인? 바르 코크바Bar-Kokhba의 반란 후 유태인들을 모조리 추방하고 예루살렘을 아일리아 카피톨리나Aelia Capitolina로 개명한 로마 황제 하드리아누스가 그 원인이라면?

역사는 존재의 원인을 이해하려는 인간의 버둥거림인지 모른다. 6,000년 전 수메르인들은 여신 닌후르사그가 먼 동쪽에 '에디누'라 불리는 평화롭고 아름다운 정원을 만들었다고 믿었다. 에디누에 사는 동물을 돌보던 '엔키'. 엔키는 어느 날 그 정원에서만 자라는 금지된 과일을 맛본다. 분노한 여신이 엔키의 갈비뼈에 극심한 고통을 가한다. 다른 신들의 설득에 못 이긴 여신은 '닌티'를 만들어 엔키의 갈비뼈를 치료하게 한다. 훗날 히브리인들을 통해 에디누와 엔키는 천국 '에덴'과 인류 최초의 인간 '아담'이 되고, '갈비뼈의 여자' 닌티는

'이브'가 되었다. 이브가 건넨 금지된 열매를 먹은 아담에게 하느님은 묻는다. "네가 선악을 알게 하는 나무 열매를 먹었느냐?" 간단히 '네' 또는 '아니요'라고 대답하면 될 것을, 아담은 이브가 건네줘 먹었다 하고, 이브는 뱀이 유혹해 받았다고 이야기한다. 최초의 인간 아담과 이브는 자신의 행동을 인과관계를 통해 설명한 것이다. 아리스토텔레스는 만물에 대하여 네 가지 질문을 할 수 있다고 했다.

1. 무엇인가? (예: 신전)

2. 무엇으로 만들어졌는가? (예: 대리석)

3. 무엇에 의해 만들어졌는가? (예: 건축기술을 통해)

4. 무엇을 위해 만들어졌는가? (예: 신의 숭배를 위해)

아리스토텔레스의 '4대 원인'이라고 불리는 네 가지 질문은 사실 '4대 설명'이라는 해석이 더 정확하다. 그 가운데 세 번째 설명, '무엇에 의해 만들어졌는가?'가 우리가 궁금해하는 '원인'이다. 고대인들은 원인을 통해 변화를 줄 수 있는 것은 신과 인간뿐이라고 여겼다. 거인 골리앗을 이기겠다는 목표를 가진 다윗은 돌을 던진 원인이 될 수 있지만, 돌 자체는 아무 결과의 원인이 될 수 없다. 돌은 목표가 없기 때문이다. 그리고 모든 인간의 목표는 신이라는 단일한 존재에게서 온다고 생각했다. 또한 우주의 모든 원인을 신이 창조한다고. 하지만 이런 믿음에는 곧바로 수없는 의문이 뒤따랐다.

인간은 나사와 톱니바퀴와 도르래와 같은 수많은 기계를 발명했다. 만들어

진 기계는 신도 인간도 아니다. 목표를 가진 원인이 될 수 없다. 그렇지만 분명한 사실은 톱니바퀴가 돌아가면 연결된 그다음 바퀴가 돌아간다는 것이다. 하나의 물체가 또 다른 물체를 변화시키는 원인이 되는 것이다. 하지만 어떻게 목표를 가질 수 없는 물체가 변화의 원인이 될 수 있을까? 가만히 놔두어도 자연의 법칙을 통해 우주가 기계처럼 잘만 돌아간다면, 프랑스의 수학자 라플라스Pierre Simon Laplace(1749~1827)가 질문하듯 '신'이라는 가설은 불필요한 것이 아닐까?

독일의 철학자이자 수학자이며 논리학자였던 라이프니츠Gottfried Wilhelm von Leibniz(1646~1716)는 신의 존재를 믿고 싶었다. 그는 신에 의해 창조된 우리의 세계가 '가능한 모든 세계 가운데 최선'이라는 이론을 주장하기도 했다. 하지만 또한 자연의 법칙을 그 누구보다 잘 이해했던 라이프니츠는 하나의 결론을 내린다. "신이 존재하려면 자연의 법칙이 존재해서는 안 된다." 이것이 무슨 말일까? 당구공이 다른 공을 치면 뉴턴의 법칙에 따라 두 공이 서로 움직이는 것처럼, 자연의 법칙은 엄연히 존재한다.

하지만 라이프니츠는 그렇지 않다고 주장했다. 우주의 모든 물체들은 독립적인 단자monad로 구성되어 있으며 "단자들은 창문이 없다", 따라서 단자들 간에는 인과관계가 존재할 수 없다는 이야기였다.[3] 라이프니츠에 따르면 우주의 모든 존재들은 '미리 정해진 조화'를 가지고 있다. 우주가 창조될 당시 이미 먼 훗날 두 개의 당구공이 같은 장소 같은 시간에 만나도록 정해졌다는 것이다. 따라서 우리가 관찰한다고 믿는 모든 인과관계는 단지 인간의 어리석음에서 오는 착각이라고. 자연의 법칙이 환상이 아니라는 증명은 논리적으로 불가능하다. 그 어떤 증명도 미리 설립된 조화의 한 부분이라고 말해버리면 끝나기 때문이다. 하지만 이것은 어딘가 찜찜하다. 더 만족스러운 설명은 없을까?

갈릴레오 갈릴레이(1564~1642)는 태양계의 중심이 지구가 아닌 태양이라고 주장해 가혹한 탄압을 받았다. 하지만 갈릴레이가 진정으로 '위험한' 인물로 찍힌 이유는 따로 있다. '원인'이 더 이상 철학과 과학과 대상이 되어서는 안 된다고 주장한 첫 인간이기 때문이다. 그에 따르면 과학이 탐구할 것은 '원인'을 의미하는 '왜?'라는 질문이 아니다. 관찰한 현상이 어떻게 만들어졌는지, 그리고 앞으로 어떻게 변할지 예측하는 것이 과학이다. 더 이상 책상 앞에 앉아 만물의 변화와 원인을 생각할 필요가 없다. 자연을 관찰하고, 관찰한 변화를 '수학'이라는 언어로 표현하기만 하면 된다. 매일 비가 얼마나 오는지 땅이 얼마나 젖는지를 측정하고 반복해서 관찰하다 보면, 비가 많이 올수록 땅이 더 젖는다는 것을 알게 된다. 우리는 이런 방식으로 자연의 법칙을 이해하고 미래를 예측할 수 있다.

그런데 여기서 문제가 생긴다. 자연의 법칙에는 정해진 순서가 없다. 아인슈타인의 유명한 'E=mc²'은 당연히 'mc²=E' 또는 'm=E/c²'이라고 표현해도 상관없지만 원인과 결과를 표현할 때는 다르다. 비가 오면 땅이 젖지만, 땅이 젖는다고 비가 오지는 않기 때문이다. 아무런 인과가 없는 상호관계를 관찰할 수도 있다. 닭은 날마다 울고, 해는 날마다 뜬다. 하지만 닭이 운다고 해가 뜨는 것이 아니고, 해가 뜬다고 닭이 우는 것도 아니다(닭은 신체 시계에 따라

운다). 반복된 관찰로 발견한 상호관계만으로는 갈릴레이가 추구하던 '어떻게'라는 질문에 답하기 어렵다는 말이다.

주데아 펄은 아들 죽음의 핵심적인 원인을 '개입'이라고 결론 내린다. 상호관계는 원인의 필요조건이지 충분조건이 될 수 없다. 하지만 우리가 반복해서 존재들에 개입하고 간섭한다면 말이 달라진다. 내리는 비의 양을 조절하면 비가 오는 만큼 땅이 젖는 것을 볼 수 있다. 하지만 땅이 젖도록 아무리 조작한다 해도 비는 더 내리지 않는다. 반복된 관찰이 아닌 반복된 개입을 통해 우리는 드디어 존재 간의 상호관계를 올바로 이해할 수 있게 된다.

　다만 반복된 개입에는 분명한 한계가 있다. 우리의 존재는 반복될 수 없기 때문이다. 우주는 단 한 번 만들어졌고, 단 한 번 일어난 우주 창조 과정에 우리는 반복해 개입할 수 없다. 대니얼 펄은 2001년 1월 단 한 번 카라치에 도착했고, 단 한 번의 실수로 납치당했고 단칼에 목이 잘린다. 머릿속 무한한 반복과 개입 끝에 주데아는 이해한다. 수천 번, 수만 번 반복해서 낳고, 키우고, 가르치고, 손잡아 학교에 보내고 그리고 어느 날 카라치에서 수천 번째 목이 잘려야만, 사랑하는 아들 대니얼의 죽음을 논리적으로 이해할 수 있을 것이라고. 그리고 그것은 절대로 있을 수도, 있어서도 안 될 일이라고.

우리는 어떻게 살아야 하는가

BIG QUESTION

로마의 관문 테르미니 기차역Stazione Termini에서 5분 정도 걸어가면 로마 국립 박물관 막시모궁전이 나타난다. 궁전 입구에서 가까운 한 전시실에 발을 들여놓는 순간 2,500년 전 만들어진, 완벽한 상태로 남아 있는 고대 그리스 청동조각 앞에서 할 말을 잃게 된다. 이름도, 작가도 알려지지 않은 작품이지만 우리는 여기 앉아 있는 한 늙은 인간의 삶을 이해할 수 있다. 부러진 코, 부푼 눈, 찢어진 이마의 그는 한때 잘나갔을 권투선수이다. 험악한 경기를 막 끝내고 다시 싸움터로 나가기 전 그는 잠시 쉬고 있다. 수없이 반복한 싸움의 경험을 너무나도 잘 기억하는 그는 불과 몇 분 후 자신의 육체가 다시 느낄 아픔과 고통을 이미 아는 듯하다.

인생은 싸움이고 전쟁이다. 힘들고, 치사하고, 고통스럽고, 곧잘 자존심 상한다. 기쁨과 행복 사이에 아픔이 있는 것이 아니라, 불안과 굴욕 사이 아주 가끔 조금 덜 불행한 날들이 허락되어 있다. 하지만 우리는 2,500년 전 그리스 권투선수처럼 오늘도 변함없이 존재한다. "이제 그만"이라고 외치는 상처투성이의 몸과 마음을 달래며 직장으로, 학교로, 거리로 나선다. 그리고 먼 하늘을 바라보며 질문한다. "왜 내 인생만 이렇게 불행한 걸까? 왜 나만 어렵게 살아야 할까? 세상 모든 사람들이 알고 있는 잘사는 방법을, 나만 모르고 있는 걸까?"

더글러스 애덤스Douglas Adams의 『은하수를 여행하는 히치하이커를 위한 안내서』에 나오듯, 대부분의 지구인들은 우습게도 거의 똑같은 질문을 하고 산다.

"왜 나만 이럴까?" 하지만 나만 모르는 것이 아니다. 나만 나 자신이기에, 나의 질문을 누구보다 더 잘 느끼고 있을 뿐이다. 우리는 동의도 허락도 없이 태어났고, 또 대부분 허락도 동의도 없이 죽을 것이다. 그렇다면 우리가 결정할수 있는 것은 사실 하나뿐이다. 탄생과 죽음이라는 변치 않는 두 점 사이 매달려 있는 '인생'이라는 실.

인생을 후회 없이 잘살아야 할 논리적인 의무는 없다. 하지만 적어도 대부분의 사람들은 잘못 산 인생보다는 제대로 산 인생을 선호할 것이라고 가정할 수 있을 것이다. 그러면 어떤 삶을 제대로 산 인생이라고 부를 수 있을까. 손으로 공을 잡아야 이길 수 있는 '농구'라는 게임의 '좋은' 행동이 '축구'라는 게임에서는 '나쁜' 행동이 되는 것처럼, '좋은 삶'과 '나쁜 삶'은 결국 우리가 살고 있는 세상의 본질에 따라 결정된다. 만약 우리가 살아야 할 우주의 본질을 정확히 알고 태어난다면, 우리는 어떤 선택을 하게 될까? 지금부터 여섯 가지 세상의 이야기를 들어보자.

1. 한국 이야기

이미 너무나도 잘 알고 있는 이야기. 우연히 태어난 가족의 경제적 조건 아래 자란다. 한국어를 모국어로 가지고 "아리랑, 아리랑, 아라리오"라는 멜로디를 듣고 가슴이 찡해진다. 일본은 괜히 싫고 막연히 중산층이라는 믿음을 가지고 산다. 조기교육에 시달리고, 영어, 수학, 국어, 태권도, 피아노, 검도, 줄넘기, 그림, 논술 등 많은 것들을 배우지만, 제대로 할 줄 아는 것은 없다. 언제나 바쁘고 피곤하다. 고등학교를 졸업하고 대학에 들어가고 대학을 졸업하면 결혼에 골인한다. 결혼을 했으니 아이를 가지고 낳은 아이는 곧장 학원으로 보낸다. 시간이 지날수록 자동차 엔진과 아파트 평수는 더 커져야 한다. 아무 이유 없이 그냥 그렇다. 철학을 전공하든 기계공학과를 졸업하든, 결국 비슷한 옷을 입고 비슷한 일을 하다 대부분 60세가 되기 전 치킨집 사장이 된다. 그리고 조금 더 살다 죽는다.

- 현실성: 매우 높음.
- 특징: 선택의 여지가 없다. 그냥 남들 따라 살면 된다.
- 바람직함: 매우 낮음.

2. 길가메시 이야기

'한국 이야기' 속 지친 영혼들이 그리워할 이야기. 친구의 죽음을 마주하고 자신도 언젠가는 죽어야 한다는 것을 느낀 수메르 왕국의 길가메시 왕은 질문한다. 어차피 죽어서 구더기 먹이가 된다면 금, 노예, 권력 이 모든 것이 무슨 의미가 있을까? 죽지 않겠다고 결심한 길가메시는 많은 모험 끝에 우트나피쉬팀에게 영생의 약초를 선물 받지만, 방심하다가 약초를 잃어버리고 만다. 두 번의 기회는 없다는 말을 듣고 좌절하는 길가메시에게 우트나피쉬팀은 이야기한다. 슬퍼한다고 죽지 않는 것이 아니다. 집으로 돌아가 재미있는 일을 하며 아름다운 여자를 사랑하거라. 한국인에게라면 이렇게 말하지 않았을까. 여름에는 친구들과 야외로 나가서 삼겹살구이에 시원한 맥주를 마시고, 겨울에는 사랑하는 애인과 첫눈을 구경하거라. 인생에는 더 이상의 의미도, 더 이하의 비밀도 없단다.

- 현실성: 낮음.

- 특징: 거의 모든 사람들이 원하지만, 막상 실천하기는 생각보다 쉽지 않다.

- 바람직함: 매우 높음.

3. 크로이소스 이야기

고대 그리스 최고 부자에, 건장한 아들을 여럿 둔 리디아의 크로이소스 Kroisos 왕은 현자 솔론Solon에게 질문한다. 세상에서 누가 가장 행복하냐고. 당연히 "리디아의 크로이소스"라는 답을 기대한 그에게 솔론은 대답한다. 아테네 변두리에 사는 어느 늙은 농부가 가장 행복하다고. 왜냐고? 농부는 열심히 일해 자식을 잘 키웠고, 손자까지 본 후 평온하게 삶을 마감했다는 것이다. 반대로 크로이소스의 삶은 지금까지 행복했을지 모르지만, 미래는 누구도 예측할 수 없다고. 행복한 삶은 행복한 죽음을 통해서만 가능하다는 이 이야기의 아이러니는 훗날 페르시아 제국에 정복당한 크로이소스가 왕국과 부와 아들을 모두 잃고 화형당할 처지로 내몰린다는 점이다.

- 현실성: 보통.

- 특징: 평생 불행하다 마지막 하루 행복한 삶이, 평생 행복하다 단 하루 불행하게 끝낸 인생보다 더 좋은 것일까? 물론 아니다. 우리는 단지 보이지 않는 미래를 이미 지나간 과거보다 더 두려워할 뿐이다. 만약 죽은 후 (불가능하겠지만) 인생 전체를 되돌아볼 수 있다면, 우리는 당연히 과거, 현재, 미래와 상관없이 행복한 날들이 가장 많은 인생을 선호할 것이다.

- 바람직함: 높음.

THE
LAST
KING
OF
LYDIA

4. 보스트롬 이야기

옥스퍼드대학의 보스트롬Nick Bostrom 교수는 언젠가 인류는 우주를 완벽히 시뮬레이션할 능력을 가지게 될 것이고, 지금 우리가 살고 있는 세상이 미래 후손들의 시뮬레이션일 수도 있다고 이야기했다. 원본은 단 하나이지만 복제는 무한일 수 있다는 것. 우연히 태어난 지금 이 세상은 단 하나뿐인 원본이 아니라 무한의 시뮬레이션 중 하나일 확률이 압도적으로 높다는 말이다. 그렇다면 우리는 어떻게 살아야 할까? 우리들이 만든 생물, 환경, 우주 시뮬레이션들을 생각해보면 된다. 반복되거나, 의미 없거나, 배울 것이 없거나, 재미없는 시뮬레이션은 시간낭비. 전원을 끄고 처음부터 다시 시작하는 것이 정답이다. 우리 삶도 비슷하다. 세상이 만약 누군가 타인의 시뮬레이션이라고 가설한다면, 우리는 다른 사람들과 차별된 재미있고 의미 있으며 흥미로운 인생을 사는 게 좋을 것이다.

- 현실성: 낮음.
- 특징: 보스트롬 이야기의 결론은 길가메시 이야기와 유사하다. 인류의 가장 오래된 이야기와 최첨단 과학기술이 제시한 결론이 동일하다는 점이 흥미롭다.
- 바람직함: 매우 높음.

5. 파스칼 이야기

우주를 창조하고, 은하수 변두리에 사는 지구인들의 시시콜콜한 인생에 특별한 관심을 보이는 전지전능한 신이 정말 존재한다면? 신을 믿으면 천당에

가고, 믿지 않으면 지옥에 간다면? 파스칼의 통계학적 제안은 명쾌하다. 신은 존재할 수도, 존재하지 않을 수도 있다. 만약 신이 존재하는데 믿지 않는다면 영원히 지옥에서 고생해야 하지만, 존재하지 않는 신을 믿는다고 인생에 손해 볼 것은 별로 없다. 대신 존재하는 신을 믿었던 이들은 천국에서 영생이라는 무한의 보상을 받는다. 결국 믿음은 무한의 보상과 무한의 처벌 사이의 위험관리를 가능하게 하는 보험제도 같은 것이라고 부를 수 있겠다.

- 현실성: 매우 낮음.
- 특징: 만약 '신의 존재'라는, 과학적 증명이 불가능한 조건에 진정으로 만족한다면, 신의 뜻에 인생을 맡기는 것이 가장 현명한 방법일 것이다. 하지만 단순히 보험 차원으로 받아들인 믿음이 진정한 믿음일까?
- 바람직함: 높음.

6. 루이스 이야기

미국의 철학자 루이스David Kellog Lewis(1941~2001)는 존재할 수 있는 모든 것들의 모든 조합은 서로 독립적인 평행우주들을 통해 현실화된다는 양상실재론modal realism을 주장했다. 우리가 사는 우주는 무한한 우주 가운데 하나이고, '나' 역시 무한의 '나'들 중 하나이며, 지금 이 순간 나와 원자 단 몇 개 차이로 닮은 무한의 '나'들이 울고 웃고 일하고 죽어갈 수 있다는 것이다. 그렇다면 "어떻게 살아야 할까?"라는 질문 자체가 아무 의미 없을 수 있다. 어차피 모든 존재들의 모든 조합이 존재한다면, 내 인생 역시 이미 모든 조합으로 살았고, 지금도 살고 있고, 앞으로도 살 것이기 때문이다.

- 현실성: 높음.

- 특징: '우주 급팽창cosmic inflation'을 통해 우주가 만들어졌다는 최근의 물리학 이론들 덕분에 각광을 받는 주장이다. 하지만 평행우주 사이의 인과관계를 본질적으로 밝힐 수 없다면, 무한의 '나'들의 무한의 삶들이 지금 이 순간 '찌질한' 삶을 살고 있는 '나'와 무슨 상관이 있을지 질문할 수 있겠다.

- 바람직함: 매우 낮음.

친구란 무엇인가

G QUESTION

"친구가 있으면 행복은 두 배로 늘고, 아픔은 반으로 줄어든다."

— 마르쿠스 툴리우스 키케로

세계적인 관광지 베네치아. 산마르코대성당이 두칼레궁전과 연결된 성당 남쪽의 한구석. 지구 곳곳에서 찾아온 관광객들이 무심코 스쳐가는 그곳에는 자주색 단단한 반암斑岩으로 된 조각이 하나 있다. 중세 기사처럼 보이는 네 명의 남자들. 두 명의 기사가 서로 안아주는 모습은 얼핏 보면 한국의 회식자리의 한 장면을 떠올리게도 한다. 술에 취한 김 부장이 더 취한 이 차장을 안아주며 "앞으로 문제 있으면 편하게 나한테 다 말해"라고 위로해주는 그런 모습 말이다. 물론 삶과 돈에 찌든 우리나라 직장인 동상이 이탈리아에 있을 리없고, 사실 이 네 명의 '기사'는 중세의 기사도 아니다.

한 명의 황제만으로 도저히 통치가 불가능해진 후기 로마제국. 디오클레티아누스 황제는 무정부 상태로 전락할 위기에 처한 제국을 4등분해 관리하는 '사두 정치 체제Tetrachia'를 도입한다. 두 명의 선임황제와 두 명의 후임황제가 힘을 모아 쓰러져가는 제국을 다시 세우겠다는 야심만만한 계획이었다. 최첨단 무기도 용감한 군인도 아닌, 변하지 않는 황제들 간의 우정이야말로 제국을 구할 수 있는 최선의 해법이라는 이야기를 이 동상은 하고 있다.

그런데 이처럼 의미 있는 동상이 왜 베네치아 한구석에 처박혀 있는 것일까? 대성당을 덮은 화려한 대리석 패널들과 마찬가지로, 황제들의 동상 역시 콘스탄티노플를 함락한 제4차 십자군들이 약탈해 고향으로 가져온 전리품이다. 관광객들에게는 그저 사진 찍기 좋은 명소인 산마르코대성당. 공포영화에서나 볼 법한 연쇄 살인범이 죽은 자의 껍질을 벗겨 얼굴에 쓰고 있듯, 산마르코대성당은 죽어가던 비잔틴제국의 성당과 신전의 대리석 껍질을 벗겨 쓰고 오늘날까지 버젓이 서 있는 것이다.

누구나 한 번쯤은 듣게 되는 이야기이다. 인생에 결국 남는 것은 사랑, 건강, 친구 정도라고(사업에 실패하거나, 선거에서 지고 나면 흔히 듣는 이야기이기도 하다). 건강과 사랑은 이해된다. 몸과 마음이 아프면 그 어느 것도 의미 없을 테니 말이다. 사랑 역시 쉽게 동의할 수 있다. 부모의 사랑 아래 자라, 이성과 사랑을 나누고, 유전을 물려준 자식을 사랑으로 돌보고…. 도킨스의 '이기적 유전자'를 믿지 않더라도, 매정하기 짝이 없는 우주가 인간에게 허락한 '의미'가 그 정도라는 것을 우리는 모두 짐작할 수 있다. 하지만 '우정'은 다르다. 친구가 도대체 무엇이기에 건강과 사랑만큼이나 중요하다는 말일까? 인간은 왜 친구가 필요한 것일까?

한스 홀바인의 그림 〈대사들The Ambassadors〉을 떠올려보자. 1533년 특사로 영국에 파견된 두 프랑스 젊은이. 사업가이자 외교관인 드 딘테빌(그림에서 왼쪽)과 성직자 드 셀브(오른쪽). 1533년은 복잡하고 어려운 해였다. 스페인 공주 출신 첫 부인과의 결혼을 무효화하고 앤 볼린Anne Boleyn과 결혼한 영국 왕 헨리 8세, 버려진 공주를 지지하는 16세기 슈퍼파워 스페인, 그리고 당시 천주교 강국 스페인을 지지하는 교황. 얽히고설킨 외교문제를 풀기 위해 프랑스의 왕 프랑수와 1세가 두 대사를 파견한 것이다.

그림에 그려진 최첨단 과학 도구들, 악보, 지구본, 페르시아 카펫, 그리고 특정 위치에서만 보이도록 그려진 해골바가지. 화가 홀바인은 좀처럼 정답이 보이지 않는 영국 왕실과의 어려운 관계를 풀기 위해서는 대사들의 지성, 글로벌 마인드, 믿음, 그리고 죽음을 인식한 겸손함(메멘토 모리Memento mori)이 모두 필요하다는 사실을 표현하려 했는지 모른다. 하지만 그림을 보는 순간 우리는 느낀다. 두 대사의 진정한 능력은 과학도 믿음도 겸손함도 아닌 서로 간의 우정과 친밀함에서 온다는 사실을. 혼자로서는 도저히 감당할 수 없는 혼란과 불가능도 친구와 함께라면 이겨낼 수 있다고.

오랑우탄, 침팬지, 고릴라, 호모 사피엔스. 영장류 중 하나인 인간은 사회적 집단에서 생활한다. 뾰족한 이빨도, 두꺼운 피부도, 날개도 없어 나약하기 짝이 없는 동물 영장류는 혼자서 생존하기 어렵기 때문이다. 옥스퍼드대학의 로빈 던바Robin Dunbar 교수는 영장류 집단의 크기가 대뇌피질의 크기와 밀접한 관계를 가지고 있다고 주장한다. "우리는 얼마나 많은 친구를 필요로 하는가?" 뇌가 작은 명주원숭이Marmoset는 10마리 안팎의 무리와 함께 살지만, 대뇌피질이 큰 침팬지들은 100마리에 가까운 구성원들과 함께 복잡한 사회구조를 유지한다(영화 〈혹성탈출〉에 등장하는 무시무시한 침팬지 집단을 기억하자!). 영장류 집단에서 얻은 데이터를 인간의 뇌 사이즈에 적용하면 우리 인간의 '생물학적' 집단 구성원 수는 약 150명 정도라는 결론을 얻게 된다. 원래 인간은 그 정도 수의 '친구'들과 함께 사는 것이 적절하다는 말이다. 그런데 영장류 집단의 크기는 왜 정해져 있는 것일까?

영어에 'Good old days'라는 말이 있듯, 인간은 과거에 대한 막연한 향수에 빠진다. 예전에는 모든 것이 다 좋았다고. 인정도 많고, 지금보다 여유로웠다고. 하지만 그것은 대단히 큰 착각이다. 인류의 과거는 현대인이 상상할 수 없을 정도로 잔인하고, 빈곤하고, 미개했다. 빵을 훔친 자의 손을 자르고, 귀족을 쳐다본 죄로 고문당했다. 대부분의 사람들은 30대 중반에 죽고, 사지가 잘릴 사형수를 구경하기 위해 엄마는 아이와 함께 깨끗한 옷으로 갈아입었다. 왕은 귀족을, 귀족은 평민을, 어른은 아이를, 남자는 여자를, 인간은 동물을 아무 이유 없이 차별하고 폭행하고 죽일 수 있던 그 시절이 바로 'Good old days'였다. 아프리카의 보코 하람Boko Haram이나 이라크의 ISIS(이라크와 시리아의 이슬람 반군세력) 테러단들의 만행이 과거 인류의 보편적 행동이라고 상상하면 될 것이다.

한국 사회에 여전히 남아 있는 폭력성은 일제의 잔재도, 자본주의의 결과도, 레드 컴플렉스 때문도 아니다. 조선시대, 고려시대, 삼국시대, 청동시대 그 언제도 절대 권력층 1%를 제외한 대부분의 구성원에게는 그다지 즐겁거나 행복한 시대가 아니었다. 1%와 99% 간의 불평등은 여전히 존재한다. 다만 우리는 법과 문명과 과학과 항생제와 마취약을 가진 불평등한 사회에 살고 있을 뿐이다.

위험하고 잔인한 사회에서 가장 중요한 능력은 무엇일까? 바로 '인지적 회계'이다. 우리는 언제, 어디서, 누구에게 어떤 행동을 하고 어떤 대접을 받았는지 기억해야만 집단 내 위치를 파악할 수 있다. 내 위치를 제대로 파악해야 나보다 강한 사람에게 복종하고, 나보다 약한 사람을 마음대로 부릴 수 있다.

문명과 과학이라는 얇은 페인트를 살짝만 긁어보면 드러나는 영장류 집단의 본질은 갑을 관계, 즉 '계급 제도'라는 말이다. 뇌가 크면 클수록 더 많은 구성원들 간의 과거 관계를 기억할 수 있다. 이것이 '생물학적'으로 인간은 대략 150명 정도 사이의 관계를 기억하고 회계할 수 있을 것이라는 '던바의 수Robin Dunbar' Number'의 핵심이다.

'회계'를 하기 위해서는 '통화'가 필요하다. 책상과 빵을 교환하고, 다시 당나귀와 바꿀 수 있다. 하지만 물물교환은 불편하고 비효율적이라 쉽게 환전 가능한 공통 통화가 필요하다. 영장류들의 상호관계를 가능하게 하는 통화는 서로 간의 '이 잡아주기'이다. 먹고 자고 사냥하는 시간 외 하루의 대부분을 서로의 이 잡아주기로 소일하는 원숭이들. 이미 다 잡아 더 이상 있지도 않은 이를 잡아주는 영장류들은 서로 잡아주는 '가상의 이'의 숫자를 통해 인지적 회계를 한다.

그렇다면 인간의 인지적 회계단위는 무엇일까? 서로 바라보고 고개만 끄덕여준다면 아무 실질적 정보 교환 없이도 카페에서 몇 시간씩 '대화'를 나눌 수 있는 현대인, "나 오늘 회사에서 잘렸어"라는 페이스북 메시지에 '좋아요' 버튼을 눌러주는 '친구들', 회식자리에서 어깨동무하고 술잔만 돌린다면 그 순간만큼은 세상이 두렵지 않은 김 부장과 이 차장. 인간에게 대부분의 소통은 공감이고, 나와 가장 공감할 수 있는 사람이 바로 나의 친구들이라는 말이다.

우리는 이런 가설을 세워볼 수 있다. 인간은 왜 공감이 필요한 것일까? 위험과 불확실로 가득 찬 세상에서 존재하기 위해 인간은 끝없이 예측해야 한다.

내 행동이 적절한 것일까? 갑에게 나는 '을질'을 잘하고 있는 것일까? 내 아래 을에게 '갑질'은 잘하고 있는 것이지? 1시간 후 무슨 일이 벌어질까? 내일은? 다음 주에는? 내년에는? 정답이 있을 수 없는 수많은 질문에 인간은 확신이 필요하다. 확신은 많으면 많을수록 좋다. 하지만 나에게 확신해줄 수 있는 '나'는 단 한 명뿐이다. 그렇다면 더 많은 '나'를 만들어본다면?

나와 공감하는 나의 친구들은 어쩌면 나의 '아바타'일 수도 있겠다. 키케로도 말하지 않았던가. "친구는 또 하나의 나"라고. 먼 옛날 아늑하고 작은 동아프리카 숲을 등지고 지구를 정복하기 시작한 인간. 새롭고 넓은 세상에서 발견한 참을 수 없는 존재의 불안함과 무의미로부터, 우리는 어쩌면 '친구'라는 또 하나의 나를 통해 구원받으려 하는지도 모른다.

"30대가 되면 우리는 진정한 친구를 원한다. 그리고 40대가 되면 친구도 역시 사랑과 같이 우리를 구원할 수 없다는 것을 느끼게 된다."

— F. 스콧 피츠제럴드

삶은 의미 있어야 하는가

IG QUESTION

1987년 4월 11일. 이탈리아 토리노의 한 아파트 3층에서 화학자이자 소설가인 프리모 레비가 뛰어내린다. 유대인이었던 레비는 아우슈비츠 수용소 생존자이자 『이것이 인간인가』, 『주기율표』 같은 책으로 이탈로 칼비노와 함께 제2차 세계대전 후 이탈리아를 대표하는 작가였다. 레비의 자살은 우리에게 중요한 질문을 남겼다. 지상의 지옥 아우슈비츠에서 살아남은 그가 왜 자유와 부를 누리던 편한 삶을 버린 것일까? 왜 벌레보다 못했던 '아우슈비츠의 레비'는 살아남으려 발버둥쳤지만, '이탈리아 아름다운 도시의 레비'는 죽음을 선택했을까.

장미는 자신이 장미인지 모르며 꽃을 피운다. 끝없는 해변을 힘들게 기어가는 거북이에게 '왜?'라는 질문은 무의미하다. 인간의 위대함이자 비극은 지구의 모든 존재 중 유일하게 '왜'라는 질문을 할 수 있다는 것이다. 우리는 왜 사는가? 삶의 의미는 무엇인가? 어차피 죽을 것을 왜 버둥거리며 살아야 할까? 물론 질문이 있다고 항상 답이 있을 필요는 없다. "73과 79사이의 소수는 0으로 나눌 수 있을까?"라는 질문에는 "그런 소수는 존재하지 않는다"라고 답하는 것이 최선이다. "바늘 위에서는 몇 명의 천사가 춤을 출 수 있을까?" '천사'란 존재하기 않기 때문에 질문 자체가 무의미하다.

비트겐슈타인Ludwig Wittgenstein은 그래서 '삶의 의미란 무엇인가'라는 질문이 논리적으로 무의미하다고 이야기했다. 조금 더 자세히 생각해보자. "x의 의미는 무엇인가?"라는 질문의 답은, 정해진 범위 y 안에서 x의 용도 또는 x가

y에게 줄 수 있는 결과들의 합집합이다. 예를 들어 '벽과 못'이라는 범위 안에서 '망치'의 의미는 무언가를 두들겨 벽에 박을 수 있다는 것이다. 무언가의 의미란 다른 무언가와의 관계를 나타낸다. 우리 인생에서 가장 큰 범위는 삶 그 자체이다. 그렇다면 "삶의 의미는 무엇인가?"라고 질문하는 순간 우리는 단지 '삶과 삶의 관계'라는 동일한 단어를 반복하는 난센스에 빠지게 된다.

오스트리아 최고 부자의 아들로 태어난 비트겐슈타인은 전 재산을 기증하고 시골 초등학교 선생님으로 일했다. 1914년 제1차 세계대전이 일어나자 그는 케임브리지대학 교수 자리를 거절하고 군대에 지원한다. 쏟아지는 포탄들 사이에서 완성한 글이 그의 대표작 『논리 철학 논고Tractatus-Logico-Philosophicus, TLP』이다. "세계는 일어나는 일들의 총체이다"로 시작하는 TLP는 논리를 통해 세계를 이해하려 하지만, '세계의 모든 사실들은 생각이라는 틀 안에 갇힌 논리적 그림'이라는 부정적 결론에 이르게 된다. 논리는 진정한 진실을 추구하는 것이 아니라 뇌 안에 존재하는 기호들 사이의 형식적 꼬리물기라는 것이다. 따라서 모든 철학은 말장난이라고.

그렇다면 우리는 진정한 진리를 어떻게 추구해야 할까? 진실은 논리나 말로 알아내기보다 조용히 느껴야 한다며 비트겐슈타인은 너무나도 유명한 TLP의 마지막 문장에서 속삭인다. "말할 수 없는 것에 대해서는 침묵해야 한다." 하지만 비트겐슈타인 역시 끝까지 침묵을 지키지는 못했다. 죽기 전 그는 친구들에게 자기 인생이 '행복'했다고 말했다고 한다.

도대체 행복한 삶이란 무엇일까? 대부분의 사람들은 불행한 삶보다 행복한 삶을 살기 원할 것이다. 그렇다면 어떻게 사는 것이 행복할까? 만약 삶에 절대적 의미가 존재한다면 답은 생각보다 어렵지 않을 것이다. 의미란 결국 용도이기에, 주어진 용도에 충실하기만 하면 된다. 좋은 망치는 망치의 용도에 충실하면 되므로 벽에 못을 잘 박는 망치가 '행복한' 망치일 것이다. 그래서 아리스토텔레스는 '좋은 인생'을 목표와 원인에 충실한 삶이라고 정의했다. 하나의 존재는 물론 또 다른 존재의 원인이 될 수 있다. 이런 원인들의 꼬리물기는 아리스토텔레스가 가설한 최종 원인인 '신'에서 끝나게 된다. 그렇다면 인생의 의미는 원인들의 꼬리물기를 잘 유지하는 것이며, 좋은 삶이란 나에게 주어진 꼬리물기 중 하나의 역할에 충실하면 된다는 결론에 이르게 된다.

아리스토텔레스가 항상 품위를 유지하며 점잖게 표현했다면, 그의 스승 플라톤은 강경하게 말했다. 플라톤은 우리 눈에 보이는 물체들은 이데아 세상의 이상적 존재가 왜곡된 그림자라고 주장했다. 인생의 목표는 결국 이상 세계의 절대 지식을 탐구하는 것이라는 것이 플라톤의 생각인데, 여기서 의문이 생긴다. 사람들은 다양한 능력과 지능을 가지고 태어난다. 모든 사람들이 철학자가 되어 온종일 절대 지식을 추구하기는 어렵다. 누군가는 농사도 짓고 생각에 빠진 철학자를 위해 빵도 굽고 목욕물도 데워야 하지 않겠는가?

능력이 되는 철학자들은 이데아 세상이 추구하는 삶의 의미를 직접적으로 탐구하고, 무식한 농부와 노예들은 철학자를 위한 노동으로 간접적인 공헌을 한다고 생각해보자. 철학자는 철학을 해서 행복하고, 노예는 주인 말을 잘 들어 행복하며, 고대 그리스의 접대부 '헤타이라'들은 접대를 잘하는 것으로 행복하다? 노령의 플라톤은 시라쿠스의 독재자 디오니시우스 1세와 2세 부자

들에게 굽실거리며 아부한다. 왕이 철학자가 되거나, 철학자가 왕이 된 사회가 가장 행복하다고. 그래서 루드윅 마르쿠제는Ludwig Marcuse『철학자와 독재자』라는 책에서 플라톤이야말로 권력에 눈멀어 인류 최악의 계급사회를 구상한 타락한 지식인이라고 불렀다.

인생에 절대적인 의미가 존재한다는 사실이 그렇게도 반가운 것일까? 의미가 있다는 것은 내 삶에 정해진 목표와 용도가 있다는 말이다. 나에게 용도가 있으면 나는 나를 위해 존재하는 것이 아니다. 나의 인생은 나와는 상관없는 다른 무언가의 목적을 달성하기 위한 도구일 뿐이다. 나는 망치이고, 망치이기에 벽에 못을 박아야만 한다. 의미 있는 인생은 존재의 무거움에서 자유로울 수 없는 인생이다. 그렇다면 '나를 위한 인생'은 인생에서 절대 의미를 뺀 후부터 가능해진다. 삶의 의미를 포기하는 순간 우리의 존재는 가벼워진다는 말이다. 하지만 가벼운 인생은 쿤데라가 표현하듯 '참을 수 없는 존재의 가벼움'을 느끼게 한다. 결국 우리 앞에 놓인 문제는, 어차피 논리적으로 불가능한 인생의 의미를 찾는 것이 아니라 의미 없는 인생에서 어떻게 살아가는가이다.

알베르 카뮈는 그래서 의미 없는 인생을 살아야 하는 인간을 시시포스와 비교했다. 코린토스의 왕이었던 시시포스는 영원히 아래로 굴러떨어지는 돌을 매번 다시 굴려 올려야 하는 벌을 받는다. 죽을 고생 끝에 무거운 돌을 산 정상에 올려놓자마자 돌은 다시 아래로 떨어지고, 이 무의미하고 지겨운 인생이 영원히 반복된다. 도대체 시시포스가, 아니 인간이 뭘 그리 잘못했다고 이런 벌을 받아야 하는 걸까? 시시포스의 죄는 너무 영리한 나머지 올림포스의 신들을 속일 수 있었다는 것이다. 마찬가지로 인간이 시시포스와 같은 벌을 받는 이유는 장미나 거북이와 달리 우리는 자아와 지능을 가지고 태어났기 때문이다. '왜'라는 질문을 할 수 있고, '왜'라고 삶의 의미를 추구하는 순간 우리는 질문을 짊어진 무거운 인생을 살게 되는 것이다.

명예와 부를 누리게 된 프리모 레비는 하지만 여전히 '왜'라는 질문을 멈추지 못한 것이 아닐까? 그 많은 젊은이들 중 왜 자신만 살아남았을까, 왜 자신은 살고 아우슈비츠 수용소에 도착하던 날 바로 옆에 서 있던 귀여운 여자 아이는 엄마 손을 꼭 잡은 채 학살당했을까? 왜? 왜? 왜? 레비는 1987년 4월 11일에 죽은 것이 아니다. 그는 답이 있을 수 없는 '왜'라는 질문을 하기 시작한 40여 년 전 아우슈비츠에서 이미 죽기 시작한 것이다.

메소포타미아 수메르 왕국 전설의 왕 길가메시Gilgamesh(기원전 2600년?)는 영웅 중의 영웅이었다. 괴물 훔바바를 죽이고 돌아오던 중 친구 엔키두가 죽자 상심한 그는 자신도 언젠가는 죽어야 한다는 것을 깨닫고 영생의 비밀을 찾기로 결심한다. 길가메시는 성난 신들이 인간들을 대홍수로 없애려고 할 때 방주에 동물들을 싣고 살아남은 우트나피쉬팀Utnapishtim을 만난다. 우트나피쉬팀은 신들로부터 인류를 지켰다는 공으로 영생을 선물받았다. 길가메시를 불쌍히 여긴 우트나피쉬팀은 그에게 영생의 약초를 선물한다. 그런데 길가메시는 연못에서 목욕을 하다가 뱀에게 약초를 도난당한다. 영생의 비밀을 손에 잡았다 놓친 길가메시는 울부짖으며 우트나피쉬팀에게 묻는다. 이제 자신

은 어떻게 살아야 하느냐고, 어차피 죽어야 하는데 왜 살아야 하느냐고. 우트나피쉬팀은 말한다. 길가메시야, 너무 슬퍼하지 말고 다시 집에 돌아가 원하는 일을 하며 아름다운 여자를 사랑하거라. 그리고 좋은 친구들과 종종 만나 맛있는 것을 먹고 술도 마시며 대화를 나누거라.

　비틀즈의 존 레논이라면 이렇게 이야기하지 않았을까. "길가메시야 인생이란 네가 삶의 의미를 추구하는 동안 흘러 없어지는 바로 그것이란다Life is what happens to you while you're busy making other plans"

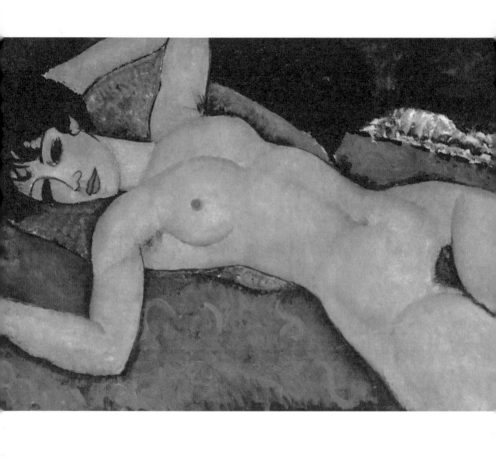

아름다움이란 무엇인가

IG QUESTION

"미美. beauty 또는 아름다움은 감각적인 기쁨을 주는 대상의 특성으로, 마음을 끌어당기는 조화調和, harmony의 상태이다. 아름다움을 고유하게 정의하는 것은 곤란하며, 자연의 사물 등에 대해 감각적으로 느끼는 소박한 인상으로부터, 예술작품에 대해 갖는 감동의 감정, 혹은 인간의 행위의 윤리적 가치에 대한 평가에 이르기까지, 다양한 의미와 해석의 위상을 가지고 있다." ─위키피디아

"미모는 천재성의 한 형태라네……아니, 사실상 천재성보다 훨씬 우월하지. 따로 설명할 필요가 없으니까 말이야. 햇빛처럼, 봄날처럼, 검은 물속에 비친 우리가 달이라고 부르는 저 은빛 조가비의 그림자처럼, 아름다움은 세상을 구성하는 가장 위대한 요소 가운데 하나야. 그건 의문의 여지가 있을 수 없네. 아름다움은 그 자체로서 신성한 주권을 지니고 있지. 그래서 아름다움은 그것을 간직한 사람들을 일인자로 만든다네." ─오스카 와일드, 『도리언 그레이의 초상』[5]

"권력에 대한 의지는 아름다움 대한 의지다." ─프리드리히 니체

우선 아름답지 않은 것들부터 생각해보자. 시체, 썩은 음식, 배설물…. 사이코패스가 아닌 이상 대부분의 사람들이 당연히 아름답지 않다고 여길 것들이다. 무엇이 이들을 추하고 역겹게 만드는 것일까? 이 대부분은 우리 몸 안에 들어가서는 안 되고, 만지거나 냄새 맡거나 먹을 경우 건강에 치명적인 문

제가 생길 수 있기에 가능한 한 멀리하는 게 좋다. 이미 먹거나 냄새 맡거나 만진 후라면 늦은 것이다. 그렇다면 위험한 행동을 하기 전, 먼 거리에서 이들을 알아보고 피하는 게 현명할 것이다.

원격으로 위험을 감지하기 위해 가장 먼저 발명된 방법은 특정 분자들의 화학적 구조 분석이었을 것이다. '코' 같은 흡입구로 주변 분자들을 빨아들여 분석하는 후각적 분석 방법이 여기 포함된다. 하지만 아무리 고약한 냄새라도 분자적 확산을 통해 퍼지기 때문에 먼 거리에서는 확인하기 힘들다. 더구나 애초 우리가 피하고 싶었던 것이 바로 그 추하고 역겨운 냄새가 우리 몸에 들어오는 상황 아닌가? 그렇다면 다른 방법을 생각해보자.

눈으로 보고 확인하는 방법을 생각해볼 수 있겠다. 보는 것은 멀리서도 가능하다는 장점이 있다. 시각은 물체에서 반사되는 광자들을 인식하는 방법이다. 우리가 두려워하는 병균이나 질병들은 광자를 통해 전달될 수 없다. 보는 것만으로는 죽지 않기 때문이다. 시각이야말로 진화하는 생명체의 최첨단 무기였을 것이다.

'보는 것'이 촉각, 후각, 청각을 통해 인식하는 것보다 뛰어난 인간 같은 영장류는 뇌의 3분의 1 이상을 시각정보 처리에 활용한다. 그래서 인간에게 추한 것 그리고 아름다운 것들은 대개 시각적 성격을 가지고 있다. 초음파를 통해 세상을 인지하는 박쥐에게 아름다움과 추함은 우리와는 근본적으로 다른 의미일 수밖에 없다. 아름다움과 추함은 지각이라는 틀 안에서만 가능하기 때문이다. 지각할 수 없는 것은 아름답지도, 추하지도 않다.

셰익스피어는 희곡 〈사랑의 헛수고Love's Labour's Lost〉에서 "아름다움은 눈의

판단으로 구매된다"라고 했다. 아일랜드의 시인 헝거포드Margaret Wolfe Hungerfod도 그래서 "아름다움은 보는 이의 눈 안에 있다"라고 하지 않았을까? 인간에게 아름다움이란 '눈으로 보는 것'이라는 생각이 자연스럽다. 그런 의미에서 뒤샹Marcel Duchamp은 아름다움을 추구하던 전통예술을 '망막의 예술', 단순히 망막을 자극시키는 그 무엇이라고 주장하기도 했다.[6] 하지만 아무리 양보해도 눈은 마음과 정신의 창문일 뿐이다.

눈과 망막은 세상을 보지만, 세상을 인식하는 것은 마음과 정신, 그러니까 바로 뇌이다. 데이비드 흄David Hume은 그래서 "아름다움이란 보고 생각하는 자의 마음에 있다"라고 이야기했을 것이다. 아름다움이란 결국 인간의 두뇌 안에 있는 개념 중 하나라고 생각해보자. 하지만 바로 문제가 생긴다. 보는 이의 마음에 있다는 아름다움은 도대체 어떻게 만들어진 것일까? 장미 그 자체가 아름다움을 가지고 있는 것일까 아니면 망막에 꽂히는 장미라는 '광자적 확률 분포'에, 우리가 갖고 있던 '아름다움'이라는 개념이 추가되는 것일까? 이것이 중세 스콜라 철학자들이 수백 년간 다툰 개념의 보편성 문제이다.

　질문은 단순하다. 우리가 보고 경험할 수 있는 장미는 수도 없이 많다. 또한 세상에는 수많은 '아름다운 것'들이 있다. 그렇다면 우리가 갖고 있는 '개념적 장미'와 '개념적 아름다움'은 그중 어느 것일까?

　'실재론實在論. Realism자'로 불리는 대부분의 중세 스콜라 철학자들은 플라톤과 플로티노스를 계승해 '개념이란 보편성으로부터 온다'라고 생각했다. 이슬람 최고의 아리스토텔레스 해설가 아베로에스Averroes(1126~1198) 역시 개념

적 장미는 물리적 현실에서 보고 경험할 수 있는 하나의 장미가 아닌 플라톤식 이데아 세상에 존재하는 '보편적인 장미의 이데아'라고 주장했다. 그렇다면 아름다움은? 플라톤은 아름다움을 '이데아 중의 이데아'라고 불렀다. 아름다움이란 독립적 개념이 아닌 우주 모든 이데아들의 질서를 좌우하는 원초적 이데아라는 것이다.

5세기의 신학자 '위僞 디오니시우스 아레오파기타Pseudo-Dionysius the Areopagite' 는 플라톤의 '이데아 중 이데아'는 결국 '신'을 의미하므로 논리적으로 '신=아름다움'이라고 주장했다. 하지만 플라톤식 이데아 세상의 존재를 인정하는 순간 난감한 문제들이 생긴다. 도대체 이데아 세상이라는 것이 어디 있다는 말인가? 보지도 느끼지도 지각할 수도 없는 이데아 세상이 물질적 세상과 어떻게 원인 관계를 가질 수 있다는 것일까? 단순한 말장난으로 문제를 풀려는 것이 아닌가?

반대로 영국의 신학자인 윌리엄 오브 오컴William of Ockkam(1287~1347)은 "개념은 개체를 기반으로 한다"라고 주장했다. '유명론唯名論, Nominalism'이라 불리는 이 철학은 아리스토텔레스와 유태인 철학자 마모니데스Moses Mamonides(1135~1204)가 주장했듯 '개념적 장미'란 우리가 경험한 모든 장미들의 집합이라 가설한다. '개념적 아름다움' 역시 경험적으로 아름다웠던 모든 개체들의 공통점을 표현한다는 것이다.

움베르트 에코Umberto Eco의 소설 『장미의 이름The Name Of The Rose』[7]을 기억해보자. 책에서 주인공 '윌리엄 오브 바스커빌'은 당연히 윌리엄 오브 오컴과 셜록 홈즈 시리즈 『바스커빌 가문의 개』를 조합한 이름이다. 이 책은 소설 자체로서도 흥미롭지만, 유명론적 스토리 구성으로 더 유명하다. 책은 유명론적 철학에 치명적인 질문을 하나 던진다. "우리가 경험할 수 있는 수많은 개체의 공통점이라는 것이 과연 존재할까?" 어쩌면 수많은 장미들의 유일한 공통점은 '장미'라는 이름 하나뿐일 수도 있다. 12세기 수도사 클루니 베르나르Bernard of Cluny 역시 이렇게 말하지 않았던가. "지난날의 장미는 이제 그 이름뿐, 우리에게 남은 것은 그 덧없는 이름뿐Stat rosa pristina nomine, nomina nuda tenemus."

다시 아름다움과 추함에 대해 생각해보자. 추함의 공통점은 우리가 피하려 한다는 것이다. 끝없는 진화 과정을 통해 우리는 우리에게 위험할 수 있는 것들의 형태를 회피하게 되었다. 거꾸로 아름다운 것은 우리가 소유하고 싶은 것, 우리에게 도움이 될 수 있는 것들이라고 생각해볼 수 있을 것이다. 모딜리아니의 〈붉은 누드Red Nude〉는 진화생물학적 (남성의) 본능에 너무도 충실한 아름다움을 보여준다. 콜라병 같은 몸매, 공작의 멋진 부채꼴 모양 꼬리, 고릴라의 넓은 가슴. 모두 생존에 우월한 유전자를 가진 것들에 대한 표현이다.

비현실적으로 큰 눈을 가진 만화 주인공들의 아름다움은 상대적으로 눈이 큰 어린아이를 돌봐야 하는 유전적 모성애를 바탕으로 한 것이며, 고대 그리스인들이 미의 조건으로 가장 중요히 여겼던 균형과 조화 역시 대부분 진화적 기원으로 설명할 수 있다. 얼굴과 몸의 좌우 균형은 (적어도 간접적으로는) 유전적 '품질 보증'이라 볼 수 있기 때문이다. 더구나 대부분의 사람은 다양한 얼굴의 평균값으로 만들어진 얼굴을 가장 아름답다고 판단한다.

'평균값 얼굴'의 진화적 장점은 무엇일까? 개체적 얼굴보다 (단순히 수학적인 이유 덕에) 더 조화롭게 보일 확률이 높다는 점이다. 그렇다면 자연에서 느끼는 아름다움은 어떨까? 영장류인 인간에게 먹을 것과 숨을 곳을 제공하는 풍요로운 초록 자연은 아름답다. 반대로 생명이 위협받을 수 있는 어두운 늪지는 두렵고 추하다.

그렇다면 중세 스콜라 철학자들의 '실념론實念論, Realism 대 유명론' 대립을 현대 과학을 통해 풀 수 있을까? 물론 우리의 개념들은 유명론자들이 주장하듯 물리적 경험을 통해 만들어진다. 반대로 경험을 통해 만들어진 개념의 '미적인 질'은 보편성에서 온다. 하지만 인간의 보편성은 플라톤의 '고매한' 이데아 세상에서 오는 것이 아니다. '진화'라는 긴 과거의 경험이 있기에 가능한 것이다. 눈을 뜨고 장미의 아름다움을 느끼는 순간, 우리는 시간과 공간을 넘어 수천만 년 동안 태어나고 사랑하고 희망하고 실망하고 사라진 우리들 모두의 조상과 공감하게 되는 것이다.

Ceci n'est pas une pipe.

무엇이 환상이고 무엇이 현실인가

IG QUESTION

초현실주의 화가 르네 마그리트René Magritte는 〈La trahison des images(이미지들의 배신)〉이라는 작품에 큰 파이프를 그려놓고는 바로 아래 '이것은 파이프가 아니다Ceci n'est pas une pipe'라고 썼다. 분명히 파이프처럼 생겼는데 왜 작가는 아니라고 할까? 물론 그것은 물질적인 파이프가 아니다. 화판 위에 적절히 분배된 유화 물감들을 우리 눈과 뇌가 '파이프'라고 해석할 뿐이다. 마그리트는 아마 물질적 현실과 우리의 지각적 해석을 혼동하지 말라는 메시지를 주고 싶었을 것이다. 그렇다면 우리는 '현실이란 무엇인가?'라는 질문에 '현실=물질'이라고 단정하면 되는 것일까?

성공회 주교이자 철학자였던 조지 버클리가 이미 지적했듯 우리의 모든 경험은 항상 지각을 통해 이루어진다. 사실 파이프라는 물체 역시 물체에서 반사된 광자들이 망막과 시각 피질의 신경세포들을 자극해 이루어지는 뇌의 해석일 뿐이다. 그래서 버클리는 극단적으로 지각하지 못하는 것은 없다고까지 주장한 것이다. 모든 현실이 어차피 지각의 결과물이라면 파이프 그 자체만 현실로 인정하는 것도 문제가 있어 보인다.

영화 〈매트릭스〉의 유명한 장면을 떠올려보자. 모피어스는 네오에게 파란약과 빨간 약 중 하나를 선택할 것을 요구한다. 파란 약을 먹으면 지금처럼 편한 세상에서 맛있는 것을 먹으며 평범한 회사원으로 살다 늙어갈 수 있다. 하지만 빨간 약을 택하면 지금까지 알고 있던 모든 것들이 거짓이고, 무엇이 진정한 현실인지 알게 될 것이다.[8] 〈매트릭스〉를 끝까지 본 사람들은 진정한 현실이 그다지 아름답지 않다는 것을 잘 알기에, '현실이 아니면 어때? 아무리 허위라도 내 혀가 스테이크의 육질을 느끼면 그만 아닐까?'라며 파란 약을 선택할 수도 있을 것이다. 현실은 나의 오감으로 느끼고 경험할 수 있는 것들이라고 이야기하면서.

'현실=나의 지각'이라는 가설에 대해 조금 더 깊이 생각해보자. 만약 내가 느끼는 모든 것들이 바로 현실이라면, 다른 누구도 지각할 수 없는 나만의 꿈과 환상도 현실로 인정해야 할까? 정신분열증 환자들의 망상은? 아무래도 약간 다른 정의가 필요할 것 같다. 현실로 인정되기 위해서는 대부분의 정상인들이 비슷한 상황에서 공통적으로 느끼거나 지각할 수 있어야 한다. 지금 내 눈에 보이는 검정색 의자는 다른 모든 사람들도 지각할 수 있는 현실이지만, 의자 위에서 멋지게 춤추는 침팬지가 내 눈에만 보인다면 당장 정신과 의사와 상담하는 것이 좋을 것이다. 여기서 '현실=대부분 사람들의 공통적 지각'이라는 가설을 세울 수 있다.

하지만 공통적 지각이라는 것이 과연 가능할까? 에드문트 후설과 모리스 메를로퐁티는 세계로부터 객관적이고 독립적으로 존재하는 지각은 사실상 불가능하다고 생각했다. 모든 지각은 목적과 의도를 기반으로 하기 때문에 같은 도끼라도 〈선녀와 나무꾼〉의 주인공과 『죄와 벌』의 라스콜니코프에게 각각 다르게 보인다는 것이다. 결국 버클리와 후설의 말처럼 현실은 개개인의 독특한 지각과 의도에 따라 매번 달라질 수 있는 주관적 현상이라고 정의하면 되는 걸까?

한발 더 나아가 "나와 내 의식만이 실재하고, 다른 것은 모두 가상에 불과하다"는 식의 유아론solipsism까지 생각해볼 수도 있다. 유아론에 따르면 버락 오바마, 은하수, 레 미제라블, 4대강… 이 모든 것들은 내 머리 안에만 존재하는 환상이며 '현실≡나'이다. 유아론을 논리적으로 반박하기는 불가능하다. 그 아무리 치명적인 논리적 모순을 제시하는 유아론자도 그것이 자신의 상상에서 나온 이야기라고 대답하면 될 테니 말이다.[9]

또한 우리는 '배꼽주의' 식 현실론과도 이성적인 토론을 하기 어렵다. 필립 헨리 고스Philip Henry Gosse는 『1875 Omphalos』(창조, 그리스어로 '배꼽'을 의미함)라는 책에서 왜 아담이 배꼽을 가지게 되었는지 질문한다. 아담은 엄마의 배에서 태어나지 않았는데도 배꼽이 있었다. 그 의미는 야훼 신이 아담을 마치 엄마라는 존재의 과거를 의미하는 탯줄과 배꼽을 포함한 '완벽한' 상태로 창조했다는 것이다. '배꼽주의' 식 현실론을 우주의 기원에 적용하면, 우주는 기원전 4004년 10월 23일(성경 인물들을 토대로 역산한 천지창조의 날), 이미 수천만 년의 과거가 있을 법한 지질학적 '증거'와 공룡의 화석을 포함한 '완성된' 상태로 만들어진 것이 된다.

그런데 왜 하필 6,000년 전일까? 어차피 우주가 완벽하게 위조된(?) 과거의 기록을 포함한 '완성품'으로 만들어졌다면, 6,000년 전이 아니라 지난주 목요일에 만들어졌을 수도 있다. 아니, 물리학적으로 가장 짧은 플랑크 시간인 5.39106×10^{-44}초 전에 이미 지금 우리가 지각하고 기억할 수 있는 바로 이 현실 그 자체로 만들어졌을 수도 있다. 마치 영화 〈블레이드 러너〉에서 위조된 기억이 심어진 상태로 제작된 로봇이 자기 자신을 과거가 있는 인간이라고 착각하고 살듯 말이다. 결국 지각과 기억만으로 현실을 정의하다 보면 논리적 모순과 이성적 토론이 불가능한 패러독스들에 빠지게 된다. 그럼 현실을 지각에서 분리시켜 볼 수는 없을까? 환상과 현실의 가장 핵심적인 차이는 무엇일까? 데카르트가 등장할 때이다.

오후까지 늦잠을 자기로 유명했던 데카르트는 스웨덴 여왕의 개인 교사가 된후 매일 새벽 5시에 철학 수업을 하다 결국 폐렴으로 죽었다는(역시 게으른 나로서 꼭 믿고 싶은) 전설이 있다. 1619년 11월 11일 그는 우리가 진정 믿을 수 있는 것이 도대체 무엇일까 질문하게 된다. 물질적 파이프, 파이프의 그림, 검정색 의자, 춤추는 원숭이, 아담의 배꼽, 공룡의 화석… 이 모든 것들은 교활한 악마가 만들어낸 환상일 수 있다. 아니, 적어도 환상이 아니라는 논리적 증거를 찾기가 쉽지 않다. 하지만 우주의 모든 것이 환상이라 해도, 적어도 단 하나 무언가는 확실히 현실일 것이다. 바로 이 모든 것이 환상이 아닐까 의심하는 '나'.

데카르트는 그래서 '나는 생각한다, 고로 나는 존재한다 cogito ergo sum'라는 명제를 기반으로 외부 현실을 증명하고자 했다. 하지만 미안하게도 그것은 좀 무리였던 것 같다. 우리가 증명할 수 있는 것은 생각 그 자체가 존재한다는 것인데 그것이 반드시 '나의 생각'일 필요는 없기 때문이다. 힌두교도들은 현실이 비슈누 신의 꿈이라고 믿는다. 그 꿈에는 모든 물체, 정신, 기억, 지각들이 포함되어 있고, '나의 생각' 역시 들어 있다. 결국 '나는 생각한다, 고로 나는 존재한다'가 아니라 '생각난다, 고로 현실에서는 무언가가 생각한다'라는 것이다. 비슷하게 아르헨티나의 작가 호르헤 루이스 보르헤스 Jorge Luis Borges의

『원형의 폐허Las Ruinas Circulares』속 주인공은 불에 타 죽는 순간 아픔을 느끼지 못하고 자신이 결국 누군가 다른 이의 꿈 또는 시뮬레이션이라는 것을 알게 된다.[10]

그렇다면 무엇이 환상이고 무엇이 현실인 것일까? 장자가 꿈에서 나비가 된 것일까, 나비가 꿈에서 장자가 된 것일까? 현실과 환상의 가장 큰 차이는, 현실은 나에게 저항한다는 점이다. 우리는 내 엉덩이 무게에 저항하는 현실의 의자에 편하게 앉아 있을 수 있지만, 환각의 의자에 앉는 것은 불가능하다. 환상은 내 마음대로 변경할 수 있지만, 현실은 내가 원하는 변화에 저항한다. 그래서 현실을 변경하려면 항상 시간과 에너지가 소모된다. 현실에는 공짜가 없다. 환상과 착각은 내가 더 이상 믿지 않으면 사라지지만 현실은 나의 믿음과 관계없이 그대로 현실이다. 내가 없어도 현실은 계속 존재하지만, 나의 환상은 나 없이는 존재할 수 없는 것이다. 따라서 우리는 '현실=나 없이도 존재할 수 있는 것'이라는 가설 아래 현실을 내가 없는 우주, '현실=우주-나'라고 생각해볼 수 있을 것이다.

개개인의 지각과 의도로부터 독립시키는 순간 우리는 비로소 현실을 객관적으로 설명하고 응용할 수 있게 된다. 이성과 과학에 기반한 이런 현실은 결코 아름답거나 포근하지 않다. 아니, 매우 차갑고 비인간적으로 보일 것이다. 반면 신의 꿈으로 만들어진 현실은 웅장하고 미적이다. 현실이 결국 나의 상상이라면 얼마나 신날까! 내가 바라보고 있어야만 그 아름다운 장미가 존재한다면 또 얼마나 시적일까! 하지만 이런 아름답고 문학적인 현실은 우리의 동경은 만족시킬 수 있더라도, 현실 그 자체를 예측하거나 바꿔놓기에는 너무 주관적이다.

모피어스가 네오에게 파란 약과 빨간 약을 권했던 것처럼, 회색 비행기와 무지개색 비행기를 권해보려고 한다. 무지개색 비행기는 시적, 종교적, 예술적 현실 위에 만들어진 멋진 비행기이다. 비행기의 파일럿들은 카리스마 있고 비행기의 원리를 이해하기 쉽게 설명해준다. 반면 회색 비행기는 칙칙하고 우울하기까지 하다. 여기저기 수리 중인 흔적도 보인다. 파일럿들도 친절해 보이지 않고 자꾸 수식과 확률을 가지고 이해하기 어려운 무언가를 설명하려 한다. 단, 회색 비행기는 철저한 항공역학 이론과 전기전자 기술을 기반으로 만들어졌다. 만약 둘 중 하나를 선택해야 한다면, 당신은 어느 비행기를 타고 여행을 떠나겠는가? 당신이 사랑하는 가족들의 목숨을 어느 비행기에 맡기게 될까?

인간은 왜 죽어야 하는가

IG QUESTION

곡식의 여신 데메테르에게는 아름다운 딸 페르세포네가 있었다. 어느 날 저승의 신 하데스가 페르세포네에게 반해 그녀를 납치하자, 데메테르는 슬픔에 빠져 더 이상 곡식을 보살피지 않게 되었다. 온 세상이 황폐해져 인간은 신에게 제물을 바칠 수 없게 되고 이를 우려한 신 중의 신인 제우스(페르세포네의 아버지이기도 하다)가 하데스에게 딸을 엄마에게 되돌려주라고 명령한다. 하지만 이미 하데스가 준 석류의 씨앗을 4개나 먹어버린 페르세포네는 매년 4개월을 저승의 여왕으로 살아야 했다. 데메테르는 딸이 없는 4개월 동안 슬픔에 빠져 세상을 겨울로 황폐하게 만들었지만, 페르세포네가 돌아오는 봄에는 풍요의 신으로서 만물에 꽃을 피우고 생명을 부활시켰다.

미노아Minoa와 미케네Mycenae 문명 때부터 알려졌던 '페르세포네의 납치' 이야기는 기원후 392년 기독교를 국교로 선포한 로마 황제 테오도시우스가 금지령을 내릴 때까지 2,000년 동안 고대 그리스 최고의 비밀, '엘레우시스의 신비'라는 이름으로 숭배되었다. '엘레우시스의 신비' 중 가장 중요한 비밀은 선택된 극소수에게만 알려졌는데, 그 내용을 세상에 알리는 자에게는 사형선고가 내려졌다. 무엇이 그렇게 비밀스러웠을까?

아마도 이 이야기가, 풍성한 여름과 가을이 겨울에는 메마르듯 모든 인간의 운명은 결국 죽음으로 끝난다는 사실을 되새겨주었기 때문일 것이다. 아무리 대단하고 잘난 사람도 태어났으면 죽어야 한다. 처음부터 다 정해진 드라마다. 하지만 어쩌면 죽음은 끝이 아닐 수도 있다. 페르세포네가 죽음의 세상에서 돌아와 봄이 되고 생명이 부활하듯, 인간에게도 부활이라는 희망이 있기 때문이다. 삶은 죽음을 부르지만, 죽음은 새로운 삶으로 다시 시작한다는 영원한 존재의 가능성을 엘레우시스의 신비는 보여준 것이다.

모든 인간은 죽는다. 나는 인간이다. 고로 나도 죽는다. 당연하고 불편한 진실이라 생각조차 하고 싶지 않은 이 사실을 되새기는 순간, 우리는 시간과 공간을 넘어 3,000년 전 미케네인들과 공감하게 된다. 죽음은 슬픔인 동시에 희망이라고. 그런데 도대체 우리는 무엇을 슬퍼하는 것일까? 우리 희망의 근거는 무엇일까?

슬픔에 대해 생각해보자. 나의 죽음이 싫고 슬프다는 말은 논리적이지 않다. 죽으면 나는 없고, 싫거나 슬픔을 느낄 수 없게 된다. 느낄 수 없는 것을 슬퍼하거나 싫어할 수는 없다. 우리는 무언가를 상상할 때 마치 내가 그 무언가를 직접 느끼는 것처럼 상상하지만, 죽음에는 그런 방식이 통하지 않는다. 나의 장례식은 내가 볼 수 없기 때문이다. 한편 내가 죽으면 슬퍼할 사람들 때문에 내가 슬픈 것이 아닐까 생각해볼 수 있다. 하지만 죽으면 나는 없고, 내 죽음을 슬퍼하는 사람들의 슬픔을 나는 느낄 수 없다. 물론 사랑하는 누군가가 죽는다면 나도 슬플 것이다. 하지만 내가 슬픔을 느낀다면 그것은 내가 아직 살아 있다는 증거이고, 나의 슬픔은 살아 있는 내가 느끼는 헤어짐에 대한 슬픔일 뿐이다.

혹은 우리는 상상할 수 없는 죽음 후의 '무' 그 자체를 두려워하는지 모른다. 하지만 죽음 후의 무는 어쩌면 하찮을 정도로 무의미할 수도 있다. 우리가 태

어나기 전 이미 수십억 년 동안 존재는 존재했고, 우리가 죽은 후에도 우주는 수십억 년 동안 얄미울 정도로 잘 굴러갈 것이다. 아직 태어나지 않았다는 것을 슬퍼하거나 두려워하지 않았듯이, 우리는 더 이상 없는 죽음을 슬퍼하거나 두려워할 필요가 없다. 죽음은 태어나기 전과 같다.

그래도 죽음에 대한 두려움과 슬픔이 여전히 남아 있다면, 그것은 삶과 죽음의 전이점에 대한 걱정일 것이다. 이것은 충분히 걱정할 수 있는 문제이다. 1606년 천주교 지지자로 영국 왕 제임스 1세를 폭약으로 암살하려다 잡힌 가이 포크스Guy Fawkes. 그는 'Hanged, drawn and quartered', 죽음 직전까지 목매달렸다, 익사 직전까지 물에 들어갔다, 아직 살아 있을 때 성기와 배가 잘리고 사지가 찢기는, 그다지 아름답지 않은 방법으로 사형당했다. 우리가 이런 것을 두려워하는 것은 당연하다.

하지만 하버드대학의 스티븐 핑커가 『우리 본성의 선한 천사(인간은 폭력성과 어떻게 싸워 왔는가)』에서 이야기했듯, 오랜 시간 폭력을 당연하게 생각해왔던 인류는 계몽과 산업화를 거치면서 점차 폭력에 대한 거부감을 가지게 되었다. 오늘날 21세기에는 매일 약 15만 명 정도가 죽지만, 전 세계적으로는 3분의 2, 선진국 중에서는 90% 이상이 비폭력적인 '자연적 노화'로 죽는다. 확률적으로 우리는 잔인하고 폭력적인 죽음보다 노화를 더 두려워해야 한다는 것이다.

그럼 노화는 무엇인가? 우리는 왜 늙어야 하는가? 왜 얼마 전까지 뛰어놀던 귀여운 아이는 어른이 되어야 하고, 영원한 사랑을 간직하겠다던 두 젊은이는 노인으로 변해야 할까?

인간은 23쌍의 염색체를 가지고 있다. 각 염색체들은 노화 진행을 나타내는 텔로미어telomere라는 DNA 조각으로 끝난다. 세포들은 주기적으로 세포분열을 통해 DNA를 복제하는데, 세포 끝 부분인 텔로미어는 복제되지 않아 궁극적으로 분열 때마다 점차 짧아진다. 통계적으로 고양이는 8번, 말은 20번, 인간은 60번 정도 세포분열을 할 수 있다. 더 이상 분열되지 않으면 세포는 노화하고 우리는 결국 죽음에 이른다.

텔로미어가 잘리는 것을 막을 수는 없을까? 다행히도 가능하다. 텔로머라아제telomerase(말단소립 복제효소)를 이용해 세포가 분열해도 텔로미어의 길이를 어느 정도 유지할 수 있다. 암세포가 가장 유명한 경우이다. 텔로머라아제가 활성화한 암세포들은 끊임없이 세포분열이 가능하다. 암세포들에게는 영원한 '삶'이 가능하다는 말이다. 물론 우리는 암세포로 영원히 존재하는 것을 바라지 않는다. 가능한 한 젊고 건강한 인간인 '나'라는 존재로 영원히 살고 싶을 뿐이다.

앞으로 먼 미래에 완벽하고 안전한 텔로머라아제가 개발된다고 상상해보자. 인간의 세포는 영원히, 그것도 완벽하고 안전하게 분열할 수 있어 영원한 삶이 가능해질 것이다. 그런데 이것이 우리가 희망하는 세상일까? 무엇보다 먼저 영원히 젊은 인간들이 영원히 번식할 수 있게 되어, 인구증가나 식량문제 같은 실용적인 문제들이 생길 것이다.

해결책이 없는 것은 아니다. 법적으로 생식력을 포기한 자에게만 영원한 삶을 주면 된다. 내가 영원히 살기 위해 내 후손의 삶을 포기하는 것이다. 사

실 후손의 삶은 어차피 포기해야만 할 수도 있다. 현재 지구의 모든 생명체들은 해마다 약 1,000억 톤의 탄소를 필요로 하는데 그중 오로지 5억 톤 정도만 생태계에서 자연스럽게 생산된다. 나머지 995억 톤의 탄소는? 죽은 생명체의 시체들을 재활용해 만들어진다. 죽음이 없으면 생명에 필요한 탄소의 200분의 1만 만들어지고 죽음 없는 세상에서는 새로운 삶이 200배 덜 가능해진다는 말이다. 다시 말해 삶은 죽음으로 끝나지만, 지구에는 그런 죽음이 있기 때문에 약 200배의 더 많은 삶들이 만들어지고 있는 것이다.

육체의 파괴를 '나'의 끝으로 걱정하는 인간들에게 엘레우시스의 신비는 재생과 부활을 통한 자아의 영원한 삶이라는 희망을 주었다. 하지만 아이러니컬하게도 영원히 존재하는 것은 나의 영혼이 아니라 재활용되는 나의 탄소들이다. 물론 '나'는 내 탄소들이 아니다. 나의 몸이라는 3차원적 공간에 우연히 몇십 년 동안 뭉쳐 있던 탄소들이 다시 흩어지고 새롭게 짝짓기를 해 재활용된다 해도 그것은 이미 내가 아니다. 나는 나이고, 나는 나의 기억들이며, 나는 나의 자아이다. 자아, 기억, 감정, 이 모든 것들은 우리들의 뇌 안에서 만들어진다. 그렇다면 또 하나의 질문이 가능해진다. 나의 뇌를 복제할 수는 없을까? 뇌 안의 모든 정보를 복제해 새로운 생명체에 심을 수 있다면, 그것이야말로 진정한 엘레우시스의 신비가 아닐까?

인간의 뇌는 약 1.5킬로그램의 무게와 1,260세제곱센티미터의 부피로, 대략 1.34813×10^{17}줄Joule의 에너지를 가지고 있다. 이스라엘 물리학자 야콥 베켄슈타인이 제안한 방법을 사용하면 특정 공간에 특정 에너지가 가질 수 있는 최대 정보량의 한계를 계산해낼 수 있다. 그 방법에 따르면 뇌는 최대 2.58991×10^{42}비트bit의 정보를 가질 수 있다. 오늘날 지구의 모든 디지털 정보량이 약 3제타바이트($1ZB=10^{21}B$)라는 것을 생각하면 천문학적으로 많은 정보량이다. 하지만 그것은 단순히 이론적인 최댓값이고, 만약 기억을 저장하는 뇌의 해마만 복사한다면 2.5페타바이트($1PB=10^{15}B$) 정도의 정보가 필요할 것이라는 결과가 나온다. 레이먼드 커즈와일Raymond Kurzweil 같은 미래학자는 그래서 먼 미래에는 마치 낡은 컴퓨터에서 새로운 컴퓨터로 파일을 복사하듯 '나'를 영원히 (양자 또는 DNA 컴퓨터에) 복사하고 재생할 수 있을 것이라고 가설한다. '나는 복사된다, 고로 나는 존재한다.'

스피노자는 우리가 2+2=5가 아닌 필연적으로 2+2=4일 수밖에 없는 것에 대해 화를 내거나 슬퍼하지 않는 것처럼, 필연적인 죽음을 슬퍼하거나 두려워할 필요가 없다고 말했다. 하지만 완벽한 텔로머라아제 또는 완벽한 뇌 복사 같은 과학적 '엘레우시스의 신비'들이 근본적으로 불가능할 이유가 없다는 것을 잘 아는 우리는, 죽음이 꼭 필연적이지 않다는 사실을 알게 되었다. 결국 오늘 우리가 죽음을 슬퍼한다면, 그것은 어쩌면 내가 당장 누릴 수는 없지만 수백 또는 수천 년 후 누군가 다른 이가 가지게 될 영원한 삶을 질투하는 것일 수도 있다는 말이다.

G QUESTION

아들이 아버지를 죽이고 자신을 낳은 어머니와 결혼할 것이다. 어머니와 아들이 아이를 낳고, 아들은 죽은 아버지의 나라를 다스릴 것이다. 테베Thebe의 왕 라이오스는 경악한다. 이보다 더 잔인한 예언이 있을까? 이 모든 것이 먼 과거, 자신이 제자 크리시푸스Chrysippus를 납치하고 강간한 죄의 대가라는 것을 생각조차 못한 왕은 고심 끝에 아들을 산속에 버린다. 하지만 버려진 백설공주와 마찬가지로 라이오스의 아들 역시 구원의 손길을 만난다(기억할 것. 산에 버려진 아이는 대부분 살아남는다. 적어도 전설에서는 말이다). 자식이 없던 코린토스의 왕이 발견해 양자로 삼은 것이다. 아이는 청년이 되고, 자신이 사랑하는 아버지를 죽이고 어머니와 동침할 운명을 가지고 태어났다는 사실을 알게 된다. 답은 하나뿐이었다. 멀리, 가능한 한 멀리 도망가야 한다. 우연히도 그 '멀리'는 테베였고, 가는 길에 만난 괴팍한 노인을 죽인다. 청년은 테베를 괴롭히는 스핑크스의 수수께끼를 풀고 테베의 왕이 된다. 그리고 얼마 전 숨진 왕의 부인(어머니)를 왕비로 삼는다. 오이디푸스 왕!

　죄를 짓지 않기 위해 발버둥 쳐봤자 결과는 뻔하다. 차라리 가만히 있었으면 더 좋을 뻔했을까? 아니, 가만히 있었더라도 어차피 운명은 정해져 있던 것이 아닐까? 아리아Aryan의 후손인 고대 그리스, 로마, 게르만인들은 '모이라이Moirai', '파르케Parcae', 또는 '노른스Norns'라 불리는 늙은 여신들이 마치 실을 뽑듯 인간의 운명을 뽑고 있다고 믿었다. 소포클레스의 『오이디푸스 왕』이 보여주듯, 그리스인들의 세계관은 냉소적이었다. 인간은 흠투성이고, 인간을 만든

신들 역시 마찬가지라고. 운명은 정해져 있다고, 인간의 삶은 마치 술에 취한 작가가 쓴 드라마와 같다고. 하지만 인간의 삶이 막장드라마 같다고 해서, 배우가 대본을 무시하고 혼자 잘난 척한다면? 다른 배우들은 혼란에 빠지고 연극은 엉망이 되고 관객은 환불을 요구하는 웃지 못할 상황이 벌어질 것이다.

인생도 비슷하다. 각자에게 주어진 운명을 무시하는 순간 세상은 우리를 비웃을 것이다. 『시학』 1부에서 비극을 다룬 아리스토텔레스는 더 이상 남아 있지 않은 그의 『시학』 2부에서 아마 희극의 의미와 구조를 다루었을 것이다. 희극이란 무엇인가? 현대 희극의 아버지라 할 수 있는 메난드로스Manandros의 '신新희극'이 '고집스러운 노인', '교활한 노예', '인색한 사람' 같은 평범한 사람의 평범하지 않은 삶을 그린 반면, 아리스토파네스, 헤르미푸스, 에우폴리스 같은 고대 그리스의 '구舊희극' 작가들은 인간, 신, 국가 같은 거대한 주제를 다뤘다. 『시학』 2부에서 아리스토텔레스는 이미 정해진 운명과 일치하지 않는 삶을 살기 위해 발버둥치는 인간의 어리석음을 'eironeia', 그러니까 '아이러니'라고 정의했을지도 모르겠다.

피할 수 없는, 피해서도 안 될 '짜고 치는 고스톱' 같은 만물의 미래. 그리스인들에게 운명이란 불변의 원리였다. 그렇다면 운명을 조금이나마 바꿀 수 있는 방법은 없을까? 튀케Tyche 또는 포르투나Fortuna라고 불리던 '행운'이 있다! 행운은, 하지만 언제나 눈을 가리고 있다. 운명을 극복할 수 있는 유일한 방법은 우연이라는 말이다. 그렇지만 우연에만 맡기기에 단 한 번인 인간의 삶은 너무나도 소중하지 않은가? 사랑하는 내 아이의 미래를 이미 정해진 운명과 예측 불가능한 행운에만 맡길 수는 없지 않은가?

작은 마을에서 목수로 일하던 아버지와 항상 피곤한 늙은 아버지를 돕는 다섯 명의 착한 아들. 야코브, 요세스, 유다스, 시몬, 그리고 예슈아Yeshua. 갑자기 비명이 들리고 나무에 찔린 예슈아의 손바닥 가운데 붉은 피가 흐른다. 하루 종일 나무와 못과 대패와 씨름하는 상처투성이 손의 목수 아버지는 조용히 말한다. 걱정하지 않아도 된다고, 피는 곧 마를 것이라고, 손의 상처는 아물 것이라고. 하지만 왜일까? 어머니 미리암Miryam의 가슴은 불길한 예감으로 터지는 듯했다. 다른 아이들보다 더 진지하고 사랑스러운 예슈아. 언제나 먼 곳을 바라보며 꿈꾸는 듯한 사랑스러운 아들의 운명을 지금 이 순간 피가 흐르는 손바닥에서 보고 있는 것이 아닐까?

그리스인들에게 '운명의 의미'를 묻는 것은 난센스였다. 왜 오이디푸스는 그런 운명을 타고났을까? 크리시푸스를 납치한 것은 아버지 라이오스 아니었던가? 왜 아버지의 죄를 아들의 운명으로 감당해야 할까? 정답은 '그냥 그렇다'이다. 운명의 본질은 우연과 행운이다. 그리스인들은 그저 자신이 오이디푸스 같은 운명을 타고나지 않은 것을 고마워했다. 하지만 게르만인들의 칼과 창에 쇠퇴해가던 후기 로마 시절. 천재 조각가 피디아스와 리시포스의 아름다운 조각을 부숴 성벽을 쌓고, 거대한 신전들이 거품같이 무너지던 시대. 최고의 지식과 문명이 야만에 무릎 꿇던 순간 사람들은 묻는다. 왜, 어떻게 이런 일이 일어날 수 있느냐고.

모든 것이 어차피 의미 없고, 관심도 동정도 없는 운명과 우연의 결과물이라기에는 나약한 인간이 받아들여야 하는 현실은 너무나도 잔인하고 서글펐다. 인간은 희망이 필요했고, 새로운 종교는 희망을 줬다. 손바닥에 커다란

못이 박히기 위해 예슈아는 나사렛에서 태어났다고. 그의 운명을 통해 인간은 구원될 수 있을 것이라고. 운명이란 질투와 성욕으로 가득 찬 올림포스 신의 유치한 장난이 아니라 갈릴리 호수 근처 부모님 집에서 자신을 안아주던 어머니의 품으로 돌아갈 수 있는 구원의 길이라고. 초기 기독교를 그리스철학으로 단단히 무장한 교부 아우구스티누스의 최고 기여는 바로 이것이었다. 그는 운명 그 자체에 의미가 있을 수 있다고, 운명의 본질을 위해 사는 것이 유일한 참된 삶이라고 이야기했다. 참신하고 놀랄 만한 가설이었다. 삶의 의지야말로 운명의 본질이라고 명시한 쇼펜하우어나, 인간은 권력 의지를 통해 자신의 운명을 통치한다고 주장한 니체도 마찬가지였다.

그렇다면 운명이란 과연 무엇일까? 존재의 미래는 정해져 있는 것일까? 개인의 의지를 통해 운명을 통치할 수 있을까? 이 모든 질문의 본질은 결국 하나이다. '인간은 얼마나 자유로울 수 있을까?' 인간은 이미 물리적으로는 자유롭지 않다. 지금 이 순간에도 중력이 우리를 끌어당기고, 우리 몸의 분자구조들은 전자기장을 통해 정해지며, 강한 핵력과 약한 핵력이 있어 몸의 약 7×10^{27}개 원자들을 구현하는 쿼크와 전자·입자들이 존재한다. 지구는 적도 기준으로 시속 1,670킬로미터로 돌고 있고, 위도 38도에 자리 잡은 한반도는 지금 이 순간에도 시속 약 1,316킬로미터로 돌고 있다. 동시에 지구는 시속 10만 8,000킬로미터로 태양 주위를 회전하고, 태양계 자체는 시속 82만 8,000킬로미터로 은하수 중심을 돌고 있다. 인간의 의지와는 아무 상관없이 말이다. 자연의 법칙을 따라야 하는 인간은 적어도 물질적으로는 자유로울 수 없다. 그렇다면 프랑스의 수학자 라플라스가 주장한 것처럼 인간은 결정론에 갇힌 기계일 뿐일까? 자연의 확률적인 기본구조 덕분에 완벽한 예측도, 자연의 법을 무시하는 완벽한 '자유'도 인간에게는 주어지지 않았다. 그렇다면 적어도 물질적 자유가 아닌 정신적 자유만큼은 가능할까? 생각만 바꾸었다면 예슈아는 마리아 막달레나와 결혼해 평범한 인생을 살 수 있었을까? 오이디푸스는 자신의 운명을 피할 수 있었을까?

인생은 생각과 선택의 꼬리물기이다. 선택과 생각은 뇌로 하는 것이고, 뇌는 수천억 개 신경세포들의 합집합이다. 그 수많은 신경세포들을 단순히 '내가 원한다'라는 의지 하나로 제어할 수 있을 것이라는 기대는 매우 순진해 보인다. 완벽한 자유의지는 불가능하다는 말이다. 물질적 실체를 가진 신경세포는 자연의 법칙을 따른다. 하지만 인간의 선택이 단순히 과거와 현재의 법칙을 통해 완벽히 정해진다는 결정론적 주장 역시 라플라스의 착각에 불과하다.

이런 가설을 세워볼 수 있겠다. 당구공 같은 하나의 이유가 다른 당구공을 치는 것과 같은 기계적 인과관계는 인생에서 존재하지 않는다. 선택은 수많은 요소들(물리법칙, 유전, 경험, 학습, 우연…)로 구성된 '선택의 풍경'을 통해 확률적으로 만들어진다. 선택의 틀은 정해져 있지만, 선택의 결과는 예측할 수 없다. 그런데 우리는 어떻게 완벽한 '자유의지'를 통한 완벽한 '선택의 자유'가 존재한다고 믿을까?

어쩌면 '나'라는 존재가 선택하는 것이 아니라, 선택들을 통해 '나'라는 존재가 만들어지는 것일 수도 있다. 선택이라는 실질적 점들을 연결해 그린 가상의 '선'이 바로 '나'라는 존재이며, '나'라는 허상은 '선택의 자유'라는 그럴싸한

'스토리'를 통해 자기 존재를 정당화하는지도 모른다. 한 사람의 선택들을 연결한 가상의 선이 바로 '나'라면, 어쩌면 인류의 모든 선택들을 연결한 가상의 선이 '운명'일 수도 있겠다. 이런 말도 가능하겠다. 운명은 존재의 본질적 우연성을 받아들이지 못하는 나약한 인류가 다 함께 꾸는 하나의 꿈이라고.

G QUESTION

인생의 한가운데에서 올바른 길을 잃어버려 어두운 숲 속에서 헤매야 했던 단테 알리기에리Dante Alighieri는 뜻밖에 베르길리우스Vergilius를 만나 지옥과 천국을 여행한다. 단테의 『신곡』은 이렇게 시작한다. 지옥에서는 차마 인간의 눈으로 보기에는 너무나 잔인하고 비극적인 장면들이 방대하게 펼쳐진다. 프랑스 화가 윌리엄 부게로는 서로 물어뜯는 두 사기꾼을 지켜보는 〈단테와 베르길리우스〉라는 그림으로 유명해졌는데(저주받는 이들이 하필이면 사이비 과학자와 명의 도용자라 과학자인 나로서는 흐뭇함을 숨기기 어렵다) 그런데 잠깐, 누가 누구를 물어뜯는다는 말인가? 두 사기꾼은 이미 죽음을 맞이한 저주받은 영혼이 아닌가? 영혼이면 당연히 몸이 없을 것이다. 그런데 이齒는 몸의 한 부분이다. 몸이 없으면 이도 없다. 없는 이로 없는 목을 물고, 없는 목이 없는 이에 물렸는데 고통을 느껴 몸을 뒤튼다는 게 어떻게 가능한 것일까?

『신곡』은 문학작품이고, 단테는 예술가이다. 그가 강력한 이미지를 통해 중세인들이 막연히 두려워하던 지옥을 구체화했다는 사실은 여기서 무의미하다. 예술가는 진실을 추구할 필요가 없다. 『신곡』은 문학적 우화일 뿐이고, 핵심은 다른 데 있을 것이다. 몸은 썩어 구더기 밥이 되어도 죽은 후 무언가는 계속 남으며, 영혼이라고 불리는 그 무언가는 저주받아 서로 물어뜯을 때와 같은 고통을 느낄 수도 있지만, 구제받아 하얀 토가toga를 입은 천사들과 함께 영원히 찬송가를 부르는 행복을 누릴 수도 있다는 것이다.

데카르트는 우주의 모든 실체들을 근본적인 두 가지로 나누었다. 구더기와 인간의 몸처럼 3차원적 공간을 차지하며 흐르는 시간 속에 존재하는 'res extensa(연장하는 것)'와 시간의 영향은 받지만 공간은 차지하지 않는 기억, 자아, 영혼 같은 'res cogitans(사유하는 것)'로. 몸은 만들어지기도 하고, 없어지기도 하는 참으로 약하고 하찮은 존재이다. 하지만 영혼은 영원하다. 육체는 영혼이 잠시 쉬어가는 운반체일 뿐이다. 죽음을 눈앞에 둔 로마황제 하드리아누스는 그렇기에 얼마 후 파괴될 그의 몸보다는 영원히 우주에 홀로 남아 새로운 몸을 찾아야 할 가없은 영혼을 걱정하며 시를 쓰기까지 했다.[11]

이 걱정에 대해 생각해보자. 손톱을 아무리 깎아도 나의 자아는 남아 있다. 손톱이 영혼의 운반체가 아닌 것은 분명하다. 팔이 잘려 바닥에 던져진다면 엄청난 고통을 느끼겠지만, 고통을 느끼는 '나'는 팔과 함께 바닥에 던져지지는 않고 여전히 남아 있다. 하지만 뇌는 다르다. 프랑스 혁명 당시 단두대에서 사형당한 마리 앙투아네트는 머리가 잘리고 산소 공급이 중단되어 뇌가 파괴되는 순간 두 가지 중 하나를 경험했을 것이다. 뇌가 멈추는 동시에 모든 것이 끝났을 수 있다. 잘린 목을 바라보는 몸도, 몸을 바라보는 잘린 목도 없다. 기억과 자아는 뇌가 정상 작동하는 동안만 가능하기 때문이다. 뇌가 죽으면 나의 모든 기억들이 파괴되고, 자아가 전멸되며 영혼도 끝난다.

우리의 영혼이 뇌라는 고깃덩어리와 함께 사라진다는 사실은 그리 반갑지 않다. 그럼 데카르트, 단테, 하드리아누스를 믿어보면 어떨까? 뇌가 파괴되는 순간 마리 앙투아네트의 영혼은 육체를 떠나 저주받거나 구제받거나 아니면 새로운 몸을 찾아 떠돌아다니기 시작할 것이라는, 조금 더 희망적인 가설을 세워본다면? 물론 영혼이 육체와 독립적으로 존재할 수 있다는 과학적 근거는 그 어디에도 없다. 그런데 우리는 어두운 밤길, 깊은 숲, 홀로 있는 집에서 막연한 공포와 유령 같은 미지의 존재를 느끼고는 한다. 물론 그것은 진화적으로 어둠과 홀로됨을 회피하도록 프로그램 되어 있는 뇌가 강력한 환각을 통해 우리들에게 도망치라고 알려주는 경고일 뿐이다.

하드리아누스에게는 미안하지만, 현대 과학의 눈으로는 육체와 독립된 영혼의 존재 가능성이 매우 희박해 보인다. 영혼은 자아, 기억, 감정의 합집합이고 그것들은 뇌의 특정 기능들을 일컫는 다른 이름일 뿐이다. 외국인에게 '한국'을 소개시켜준다고 생각해보자. 한국사람, K-Pop, 서울, 독도…. 우리나라의 모든 것을 다 경험한 외국인이 이런 질문을 한다면 어떨까. "그런데 '한국'은 도대체 언제 보여주실 건가요?"

영국 철학자 길버트 라일Gilbert Ryle은 이런 실수를 '범주 오류category mistake'라고 불렀다. 범주 오류란 어떤 사물을 그것이 속하지 않는 집합에 집어넣는 실수를 가리킨다. 영혼이란 해마에서 만들어지는 기억, 전두엽에서 만들어지는 성격, 뇌의 편도체에서 만들어지는 감정, 이 모든 것들의 합집합이지 그 집합의 또 다른 요소가 아니라는 것이다. 마찬가지로 데카르트는 전혀 다른 범주에 속하는 정신과 신체를 데카르트는 같은 범주 안에 묶었다는 것이다. 그래서 라일은 데카르트가 이야기한 '영혼과 자아'를 신체라는 '기계 안의 유령'이라 비꼬기도 했다.

하지만 우리가 경계해야 할 것은 '기계 바깥의 유령'이지 '기계 안의 유령'이 아니다. 뇌를 하나의 박스라고 생각해보자. 박스 안에는 수납공간이 있다. 그

것이 우리의 정신이다. 물론 박스 없이 독립적으로 떠돌아다니는 수납공간은 있을 수 없지만, 라일이 주장하듯 수납공간 자체가 존재하지 않는다는 생각도 받아들이기 힘들다. 모든 박스가 같은 수납공간을 만들어내는 것은 물론 아니지만 적어도 모든 박스는 바닥과 삼면이 막혀 있어야 한다.

영혼도 비슷하다. 구더기에게는 자아가 없을 것이다. 고양이나 강아지의 자아에 대해서는 의심해볼 수 있겠지만, 원숭이와 인간 같은 영장류들은 분명히 자아가 있을 것이다. 그런데 문제가 있다. 우리는 다른 사람들도 나와 비슷한 자아와 영혼이 있다고 확신하기 어렵다. 다른 사람의 내면을 들여다볼 수 없기 때문이다. 그래서 버트런드 러셀Bertrand Russell은 '내가 만약 영국 여왕이라면 어떤 느낌일까?'라는 상상은 불가능하다고 이야기했다. 아무리 노력해도 우리는 '영국 여왕이라고 상상하는 나'를 느낄 뿐이라는 것이다. 영국 여왕의 느낌을 가지려면 실제로 영국 여왕이어야 한다. 내가 이미 영국 여왕이라면 영국 여왕일 때의 느낌을 상상할 필요가 없다. 나는 그냥 나이고, '내가 만약 나라면'이라는 질문은 무의미하기 때문이다.

제2차 세계대전에서 독일군의 '에니그마Enigma' 암호를 판독해 연합군 승리에 크게 공헌한, 하지만 전후 동성연애자로 차별받다 독을 넣은 사과를 먹고 자살한 영국의 수학자 앨런 튜링Allen Turing. 앨런 튜링은 사람들이 세상을 보고 느끼는 자아와 영혼을 가지고 있는지 논리적으로 증명할 수 없다고 생각했다. 사람들은 비슷하게 생기고, 유사한 행동을 하며, 별다르지 않은 인생을 살아간다. 그래서 우리는 다른 이들의 뇌 안에도 나와 같이 자아와 영혼이 존재할 것이라고 단순히 믿는다. 영혼은 인간들 간의 믿음이며 배려인 것이다.

따라서 만약 먼 미래에 스스로 영혼을 가지고 있다고 주장하는 기계가 만들어지고 그 행동이 인간과 구별되지 않는다면, 우리는 기계 역시 자아와 영혼을 가지고 있다고 믿어주어야 한다. 그것을 거부한다면 우리는 단지 다르게 생겼다는 이유로 "남미 원주민들은 영혼을 가지지 않았다"라고 주장하며 학살한 16세기 스페인 제국주의자의 인종차별과 비슷한 '기계차별'을 하는 것이 된다.

스페인 칸타브리아 지역 엘 카스티요El Castillo 동굴은 전 세계에서 가장 오래된 벽화들로 유명하다. 적어도 4만 년 전에 그려진 것으로 추측되는 몇몇 벽화들 중에 작은 손자국이 있다. 누구의 손이었을까? 자신의 손을 벽에 대고 흔적을 남긴 원시인은 어떤 생각을 했던 것일까? 어둑한 동굴 벽에 그려진 그의 손자국은 깜박이는 햇불에 비춰져 마치 살아 움직이는 듯 보였을 것이다. 춤추는 손자국이 자신의 한 부분처럼 느껴졌을 것이다.

인간은 늙으면 약해지고 죽는다. 죽으면 숨이 멈춘다. 숨이 바로 삶이다. 숨은 공기이고, 공기는 보이지도 만져지지도 않지만 존재한다. 벽에 그려진 손자국은 나이고, 나는 곧 나의 손자국이다. 먼 훗날 내 몸이 사라진 후 자식들 눈에 지금 내 앞에 보이는 것과 같은 손자국이 보인다면, 나는 그들의 머리 안으로 들어가 계속 살게 된다는 말이 아닐까?

과학적으로 육체와 분리되어 영원히 존재할 수 있는 영혼에 대한 가설은 불필요하다. 하지만 인류가 그런 영혼의 존재를 믿지 않았다면 예술도, 종교도, 철학도 없었을 것이다. 뾰족한 이빨도, 두꺼운 가죽도 없는 '털 없는 원숭이'

에 불과한 인간에게 세상은 끝없이 불안하고 두려운 곳이였을 것이다. 인간의 유일한 무기는 다른 동물들보다 큰 뇌이고, 뇌는 원인을 추구하는 기계이다. 그래서 인간은 항상 원인과 인과관계를 추론하려 한다. 천둥은 왜 칠까? 밤은 왜 어두울까? 표범은 왜 우리를 잡아먹는 것일까? 내가 보고, 느끼고, 기억하듯 어쩌면 태양도 영혼과 자아가 있어 아침에 뜨기를 원해 세상이 밝아지는 것일 수 있다. 비가 내리는 것도 구름의 영혼이 원해서인지도 모른다.

이제 모든 것이 설명된다. 우리의 삶을 위협하는 모든 존재들은 그들만의 의지와 영혼을 가지고 있으며, 그 영혼들의 마음을 얻으면 우리는 오늘 또 하루를 살아남을 수 있게 된다. 또한 인류는 영혼을 가지고 태어난 것이 아니다. 영혼은 발명한 것이다. 영혼은 먼 미래에 지구를 정복하게 될 원시시대 인류가 최초로 개발한 '킬러 애플리케이션'이었던 것이다.

우리는 왜 정의를 기대하는가

진실은 존재하는가

G QUESTION

구로사와 아키라 감독의 〈라쇼몽〉은 20세기 최고의 걸작 가운데 하나로 꼽힌다. 영화 줄거리는 간단하다. 사무라이 한 명이 깊은 숲에서 살해되고 어린 아내는 강간당한다. 용의자로 체포된 험악한 산적이 자신의 범행이라 고백하면서 사건은 쉽게 마무리되는 듯하다. 그런데 어찌된 일까? 자기가 벌인 일이라고 지껄이는 산적, 한없이 슬프기만 한 아내, 사건을 목격했다는 증인, 그리고 무당의 입을 빌려 저승에서 이야기하는 사무라이까지 모두 다른 사건을 기억하는 게 아닌가? 어두운 숲 속에서는 정말 무슨 일이 벌어진 것일까? 진실은 하나인데 사람마다 다르게 보고 기억한 것일까? 아니면 처음부터 진실이란 존재하지 않는 것일까?

아리스토텔레스는 진실을 '사실 그대로'라고 정의한다. 세상에는 사건들로 구성된 하나의 사실이 존재하며, 그 사실을 왜곡하지 않고 정확히 표현한 것이 바로 진실이라는 말이다. 토마스 아퀴나스Thomas Aquinas는 진실이란 외부 세상과 머리 안에 존재하는 내부 세상과의 동일성을 의미한다며, 진실 추구를 지성과 사실 간의 방정식에 비유하기도 했다.

'생각과 현실이 일치한 것'을 진실이라고 가정해보자. 우리가 현실을 직접적으로 파악하고 판단할 수 있다면 더 이상 아무런 논의가 필요 없을 것이다. 우리가 생각한 현실이 곧 실제 현실이기에, 현실이 진실이라고 주장하는 것이 무의미하기 때문이다. 러셀과 케인즈의 제자이며 비트겐슈타인의 『논리철학 논고』를 영어로 번역하기도 한 영국의 수학자 프랭크 램지Frank Ramsey는

"'눈은 하얗다'는 진실이다"라는 말이 무의미하다고 생각했다. 눈이 하얀 것은 어차피 진실이고, '하얗지 않다'는 거짓이다. 진실이라면 '진실은 진실이다'라는 반복된 주장이 되고, 거짓이라면 '거짓은 진실이다'라는 논리적 모순이 된다는 것이다.

하지만 한번 생각해보자. 우리는 외부 현실 전체를 인식하기보다는 각자 차이 나는 지각과 기억을 통해 간접적인 경험을 할 뿐이다. 그렇기에 프로타고라스가 "인간은 만물의 척도"라고 하지 않았을까? 간접적 경험을 통해 만들어진 자기 내부의 세상을 다른 사람들과 공유하기 위해 우리는 언어를 사용한다. 아퀴나스가 말한 현실과 지성의 방정식은 사실 현실과 언어의 방정식이라고 바꿔 말해도 좋을 것이다. 여기서 문제가 생긴다. 〈라쇼몽〉처럼 동일한 경험을 서로 모순되게 기억하고 이야기한다면, 진실은 과연 어디에 있는 것일까? 만약 객관적 현실을 결코 알 수 없다면, 우리는 누구를 믿어야 할까?

역사철학자 비코Giambattista Vico[12]는 진실을 '구성되는 것'이라고 이야기했다. 진실은 객관적이기보다는 역사, 사회, 경제적 조건을 통해 만들어진다는 것이다. 마르크스는 비코의 역사관에서 조금 더 들어가, 사회 구성원 간의 권력구조가 진실을 구성하는 데 어떤 영향을 미치는지 관심 가졌다. 그런가하면 역사학자 홉스봄Eric Hobsbawm은 기존 역사서술이 채택한 왕과 귀족 중심을 벗어난 평범한 사람들의 기억에 바탕한 인류의 역사를 만들어보려고 노력했다(하지만 '을의 진실'이 '갑의 진실'보다 더 객관적인지는 의문이다). 진실이 '존재하

는 것'이 아니라 '만들어지는 것'이라는 우울한 가설을 받아들이는 순간 우리는 조금 더 현실적인 목표를 가지게 된다. 그것이 바로 하버마스Juergen Habermas의 결론이었다. 진실이 어차피 만들어진다면, 그나마 공평하고 객관적인 방법으로 만들어보면 어떨까? 하버마스는 진실의 핵심을 사회적 합의라고 주장했다. 평등과 자유가 보장된 상태에서 모든 정보를 공유하고, 공정한 토론을 거쳐 합의된 진실이 바로 우리가 추구해야 할 진실이라고.

비코, 마르크스, 하버마스…. 물론 다 좋은 말들이다. 하지만 이 찜찜함은 어떻게 해야 할까? 만들어지지 않은, 참으로 존재하는 진실이란 정말 불가능한 것일까? 장 판 헤이어노르트Jean van Heijenoort 역시 그런 찜찜함을 느꼈는지 모른다. 헤이어노르트의 인생은 그 누구보다도 파란만장했다. 가난한 네덜란드 이민자로 프랑스에서 태어난 그는 청년시절 사회주의자가 되었고, 우연히 망명 중인 트로츠키의 비서가 된다. 레닌과 함께 볼셰비키 혁명을 주도했던 트로츠키는 스탈린과의 권력 싸움에 패배해 비밀경찰들에 쫓기는 신세가 됐다. 터키, 프랑스, 노르웨이를 거쳐 멕시코로 망명하는 트로츠키 옆에는 항상 그의 비서 헤이어노르트가 있었다. 트로츠키를 보살펴준 화가 프리다 칼로의 연인이 되기도 한 그는, 하지만 1939년 갑자기 트로츠키를 떠나기로 결심한다. 뉴욕대학에서 수학 박사학위를 받은 헤이어노르트는 콜롬비아, 브랜다이스, 스탠퍼드대학 교수가 되어 20세기 최고의 논리역사학자로 인정받게 된다.

헤이어노르트는 왜 혁명을 버리고 논리를 선택했을까? 어쩌면 아무리 몸부림쳐도 결국은 갑을 통해 만들어지는 현실에 그는 지쳤는지 모른다. 트로츠키가 뭐라고 했던가? 스탈린의 총과 칼을 종이와 펜으로 쓴 진실이 이길 수 있다고. 하지만 역사는 비웃었고, 트로츠키는 암살자의 곡괭이에 찔려 사망한다. 스탈린에게도, 신에게도, 총구 앞에서도 왜곡되지 않는 진실은 없을까? 헤이어노르트는 영원한 진실을 수학에서 찾기로 결심한 것이다.

완벽과 절대를 기반으로 발전해온 수학은 20세기 초 존재적 위기에 빠져 있었다. 숫자는 인간이 만들어낸 것일까 아니면 독립적으로 존재하는 것일까? 무한이란 무엇인가? 증명이란 또 무엇인가? 제국이 탄생했다 사라져도, 하늘을 찌르듯 거대한 건물들이 흔적 없이 사라져도, 수학적 진실만은 영원할 것처럼 보였다. 하지만 수많은 논리적 모순들이 하루하루 위험한 의혹을 제시하기 시작했다. 수학적 진실 역시 인간이 만들어낸 것이 아닌가 하는. 수천 년에 걸쳐 차곡차곡 쌓아놓은 멋진 '진실'이라는 성의 기반이 사실 허수였다면?

러셀과 화이트헤드Alfred North Whitehead는 이런 의문들을 도저히 받아들이기 힘들었다. 그들은 수학적 진실의 기반을 더 이상 그 누구도 의심하지 못할 방법을 찾는다. 두 사람은 20년이라는 긴 세월에 걸쳐『수학원리Principia Mathematica』를 완성한다. 수천 장짜리 책인『수학원리』에서 그들은 논리와 집합만을 사용해 완벽하고 모순 없는 수학의 토대를 구성하려 했다. 362장의 긴 논리적 증명을 통해 드디어 '1+1=2'라는 사실을 제시하기도 했다. 헤이어노르트가 찾았던 진실이 바로 이런 것이 아니었을까? 사회주의자가 주장하든 자본주의자가 증명하든 '1+1'은 항상, 영원히, 우주 그 어느 곳에서도 2여야 한다. 그래서 만물을 통치한다는 기독교 신을 믿지 못하던 후기 로마 수학자들이 반박했던 것이다. "신이 아무리 전능하시더라도 파이의 값

3.141592······는 바꿀 수 없지 않겠느냐."

하지만 러셀과 화이트헤드의 20년 고생도, 헤이어노르트의 희망도 다 부질없는 것이었을까? 1931년 오스트리아 빈대학의 젊은 학자 괴델Kurt Gödel이 '불완전성 정리'를 통해 그 어느 수학 시스템도 완벽할 수 없다는 사실을 증명한다. 『수학원리』를 포함한 어떤 시스템에서도 참이지만 증명할 수 없는 정리들이 존재하며 수학적 증명과 진실은 완벽하게 일치하지 않는다는 충격적인 내용이었다(혹자들은 그래서 『수학원리』의 가장 큰 공헌을 괴델에게 영감과 맥락을 제공해 '불완전성 정리'라는 획기적인 발견에 이르게 한 점이라고 비꼬기도 한다).

괴델의 증명이 수학자들 사이에서 인정받기 시작한 후 러셀은 서서히 수학과 논리를 포기하게 된다. 그에게 수학은 유일하게 허락된 완벽한 진실이었기 때문이다. 러셀을 좌절시킨 괴델은 나치 독일을 피해 미국으로 이주한다. 그는 프린스턴고등연구소에서 아인슈타인의 절친한 말동무가 되기도 하지만 말년에 이르러서는 누군가 자신을 독살하려 한다는 망상에 시달리다 영양실조로 숨을 거둔다.

헤이어노르트는? 20세기 논리의 역사를 정리한 『프레게에서 괴델까지From Frege To Gödel: A Source Book in Mathematical Logic(1879~1931)』를 완성한 그는 노년에 트로츠키와 프리다 칼로가 살았던 멕시코로 떠난다. 추운 러시아에서 느낄 수 없었던 따사로운 멕시코의 햇살 아래 "삶은 아름답다"라고 일기 쓴 트로츠키를 기억하며, 헤이어노르트는 46년 전 그가 버린 옛 아내를 찾아간다. 그는 아내를 만나고, 아내는 그를 반긴다. 그런데 아내는 갑자기 헤이어노르트를 총으로 쏴 죽이고 스스로도 자살을 선택한다. 〈라쇼몽〉 이야기 속 무당의 입을 빌려 저승에서 이야기할 수 있다면 헤이어노르트는 우리에게 어떤 말을 들려줄까? 그의 진실은 무엇이며, 아내의 진실은 또 무엇일까?

인간은 무엇을 책임질 수 있는가

G QUESTION

1937년 12월 13일, 중국 국민당 정부가 충칭重慶으로 도피한 후 수도 난징南京에 갇혀있던 시민들은 일본군의 사냥감이 된다. 남자들은 총살당하거나 생매장되고, 중국인 포로 100명의 목을 누가 먼저 베느냐가 게임처럼 자행됐다. 매일 수천 명의 여자들이 강간당했고 임신부는 총검에 찔려 죽었다. 뱃속에 있던 아이는 엄마의 따뜻한 손길을 느껴보기도 전에 죽었다. 일본군 눈에 난징 시민은 아무 이유 없이 밟아 죽일 수 있는 벌레와 같았다. 난징에 거주하며 20만의 시민을 구한 '좋은 나치The Good Nazi'욘 라베John Rabe조차 일본군의 야만적인 행태에 목소리 높여 항의했다.

아사카노미야 야스히코는 일왕 히로히토의 삼촌뻘로 난징대학살 당시 일본군 현장 책임자였다. 프랑스 유학 당시 아르데코art deco에 빠져 도쿄 시로카네다이白金台에 멋진 아르데코 집까지 지었다는 사람. 그는 난징에서 "모든 포로를 사살하라"라는 명령을 내리고 차마 눈뜨고 견디기 힘든 지옥도를 그려놓았다. 일본의 항복 이후 그는 공공연하게 자신은 아무 책임이 없고, 참모가 몰래 저지른 일탈일 뿐이라고 이야기하고 다닌다. 왕족이기에 면죄받고 우아하게 골프장을 설계하고 살았다는 후일담이 전해진다. 93세의 나이에 따뜻한 침대에서 자연사했다는 기록까지.

난징에서 아사카노미야 왕자가 샤토 오 브리옹 와인을 마시며 예전 프랑스 애인들을 추억하고 있을 무렵, 수천 킬로미터 떨어진 독일의 멩겔레Josef Mengele는 나치 친위대에 가입한다. '인종위생학자'로서 이미 오래전부터 독일 민족의 절대 우월성을 주장했던 그에게는 너무나 당연한 선택이었을 것이다. 멩겔레는 1943년 아우슈비츠 강제수용소의 의무관이 된다.

그는 수용소의 절대 신이었다. 멩겔레는 항상 웃음으로 가득 찬 얼굴 덕분에 '죽음의 천사Angel of Death'라는 별명으로 불렸다. 인간 배설물 가득한 기차에서 내리는 유태인, 집시, 선생님, 어린아이, 할아버지 앞에서 그는 크게 외친다. "쌍둥이들 나와Zwillinge heraustreten!" 나오면 살고, 안 나오면 죽는다. 하지만 죽는 것이 사는 것보다 더 행복했던 곳이 바로 아우슈비츠 아니었던가? '선택된' 아이가 울면 설탕을 주며 달래다 벽에 던져 머리를 깨트리고, 아직 살아있는 아이의 몸을 해부했다. 쌍둥이 유전학에 관심이 많았던 멩겔레는 '의과학'이라는 이름 아래 야수와 같은 행동을 일삼았다. 쌍둥이를 서로 꿰매 인공 샴쌍둥이로 만들고, 일곱 살짜리 여자아이의 요로를 대장에 연결하고, 살아있는 어린아이의 간을 마취 없이 꺼내보기도 했다.

배고픔과 두려움에 떠는 아이들에게 자신을 '삼촌'이라고 부르게 하면서 인체 실험할 '쥐' 취급한 멩겔레. 그는 전후 유럽에서 빠져나와 볼프강 게르하르트Wolfgang Gerhard라는 이름으로 아르헨티나, 파라과이, 브라질에서 승승장구한다. 사업을 크게 벌여 멋진 목장에서 산 멩겔레는 67세에 뇌졸중으로 죽는다. 하긴 멩겔레뿐이 아니다. 전쟁 포로들을 마루타로 생체실험 한 관동군 731부대 이시이 시로 중장도 전쟁 후 인자한 소아과 의사로 평화롭게 살다가 역시 67세에 식도암으로 죽는다.

도스토옙스키의 소설 『죄와 벌』에서 주인공 라스콜니코프는 인간을 구질구질한 도덕에 얽매여 사는 벌레 같은 부류와 비범하고 강력한 '나폴레옹' 같은 인

간으로 분류할 수 있다고 주장한다. 니체의 차라투스트라가 말하던 위버멘쉬 Übermensch(초인)랄까? 그는 자신이 세상의 영웅이라는 것을 증명하기 위해 악덕 전당포 노파를 살해한다. 사회에 공헌하겠다는 턱없는 생각을 가지고 실천에 옮긴 라스콜니코프는 하지만 결국 죄책감을 느끼고 자기혐오로 괴로워하다 끝내 자수한다. 원작의 제목은 'Преступлениеинаказание Prestuplenie i Nakazanie', 그러니까 '범죄와 처벌'이다. 영어로는 'Crime and Punishment'이다. 그런데 독일어 제목은 '죄와 속죄 Schuld und Sühne'이다. 범죄와 죄, 그리고 처벌과 속죄. 인간은 죄를 짓지만, 진정한 책임과 속죄 없는 처벌은 아무 의미 없다는 것이다.

아사카노미야, 멩겔레, 이시이, 히로히토, 히틀러. 그들에게는 교집합이 하나 있다. 그 누구도 책임을 지지 않는다는 점이다. 아버지를 찾아 브라질까지 온 아들에게 멩겔레는 "굶는 아이들에게 설탕을 나누어줬으니 영웅대접을 받아야 마땅하다"라고 말한다. 악마에 정신병자이며 천사 같은 웃음을 가진 아버지. 그런 아버지의 아들은 어떤 생각을 했을까? 난징에서 칼부림하던 군인은 장교가 시켜 했다고 하고, 장교는 장군에게 책임을 돌린다. 장군은 왕자를, 왕자는 왕의 명령을 따랐을 뿐이다. 왕은 자기 모르게 일어났다고, 왕자는 장군의 보고를 들은 바 없다고, 장군은 현장에 있던 장교가 제대로 하지 못해서라고 할 것이다. 장교는 어차피 칼질은 군인들이 했다고 할 것이고, 군인들은 또다시 상관의 명령에 복종했을 뿐이다. 세상만 돌고 도는 것이 아니다. 정말 돌고 도는 것은 주인 없는 책임들이다.

라스콜니코프는 자신의 손으로, 자신의 눈으로 쳐다보며 한 사람을 죽였기에 죄책감을 느낄 수 있었다. 그것이 인간의 본능이다. 하지만 만약 내 책상 위 빨간 버튼을 눌러 눈에 보이지도 않는 100만 명을 죽일 수 있다면?

발터 벤야민Walter Benjamin은 기계적 복제가 가능한 현대 사회에 '원본'이라는 개념이 더 이상 가능한지 물었다. 사진기로 〈모나리자〉를 100만 번 똑같이 찍어낼 수 있는데, 왜 루브르박물관에 걸려있는 한 장의 그림만이 특별한 대접을 받아야 하는 것일까? 벤야민의 사촌동생이자 철학자였던 귄터 안더스Günther Anders는 책임감의 복제에 대해 생각했다. 혼자서 한 명은 죽일 수 있지만, 혼자 100만 명을 죽일 수는 없다. 100만 명을 죽일 수 있는 무기가 필요하고, 무기를 만들 수 있는 공장이 필요하다. 공장은 기계가 필요하고, 기계를 만들 수 있는 과학과 기술이 필요하다. 그렇다면 100만 명을 죽인 책임은 도대체 누구에게 있을까?[13]

미국 뉴멕시코 주 사막 한가운데의 로스앨러모스Los Alamos. 1942년 당시 최고의 천재들이 이곳에 모인다. 승승장구하는 나치 독일을 막을 수 있는 비밀 병기인 원자폭탄을 만들기 위해서. 오펜하이머Oppenheimer, 파인만Feynman, 폰 노이만von Neumann 같은 천재들이 참여하고 26조의 예산을 투자한 '맨해튼 프로젝트'는 1945년 여름 드디어 원자폭탄 개발에 성공한다. 원자폭탄은 이미 항복한 독일 대신 히로시마와 나가사키에 떨어지고 일본은 무조건 항복을 선언한다. 하지만 두 도시에서 1억 도의 화염에 사라진 수많은 생명들. 어째서 그들이 난징대학살과 진주만 공격의 책임을 나누어 져야 한 것일까? 핵무기 개발에 참여한 과학자들 역시 자신들의 책임에 괴로워한다. 그들이 다시 한 번 만난다면 이런 이야기가 오가지 않았을까.

오펜하이머 핵폭탄이 터지는 순간, 태양보다 더 밝은 또 하나의 태양을 탄생시켰지. 우리 과학자들의 손으로. 나는 그때 힌두교 경전 바가바드기타Bhagavad Gītā의 시 한 줄이 기억나더군. "내가 죽음이 되었구나. 내가 이 세상들을 파괴하고 있다 kālo 'smi loka–kṣaya–kṛt pravṛddho lokān samāhartum iha pravṛttaḥ"

폰 노이만 (오펜하이머의 별명 '오피'를 사용하며) 오피, 당신이 맨해튼 프로젝트 총책임자로서 괴로워하는 건 이해해. 하지만 그 폭탄 없인 일본 놈들the Japs이 절대 항복하지 않았을걸. 더 많은 군인들이 죽었을 거라고. 그리고 어차피 우린 폭탄을 개발했을 뿐 직접 사용한 사람이 아니잖아. 책임은 군인들이, 아니 정치인들이 지면 된다고!

폴링 나도 한마디 하지요.

폰 노이만 라이너스 폴링, 당신은 맨해튼 프로젝트에 참여하지도 않았잖소!

폴링 (폰 노이만을 무시하며) 책임을 100만으로 나눌 수 있기 때문에 그 어떤 잔인한 범죄도 무죄가 되어버리는 게 오늘날 현실이오. 하지만 책임 없인 인류가 동물과 다를 바가 없지 않겠소?

파인만 (치던 북을 내려놓으며) 책임을 지기 위해서는 무엇보다 독립적인 인간이 필요하지요. 그게 바로 계몽주의적 생각이고. 인간은 독립적이기에 자신의 선택을 책임져야 한다는. 하지만 고도로 발달한 분업화된 세계에 사는 그 누구도 완벽하게 독립적일 수 없지 않나요? 우리 과학자들은 '사회'라는 기계의 수많은 톱니바퀴 중 하나일 뿐이고…. 우리가 나선다고 바뀔 게 없고, 나서봐야 인생만 복잡해진다고요. 어차피 세상은 나쁘고 바꿀 수 없는 건데 한 번뿐인 인생을 쓸데없이 낭비하느니, 차라리 재미있는 연구를 하고, 아름다운 여자를 사랑하며, 술 한

잔에 바닷가 노을을 즐기는 게 더 현명하지 않을까요? 저는 우울한 책임론자보단 행복한 무책임론자로 살겠습니다.

폴링 (불쌍한 듯 쳐다보며) 책임 있는 인생과 재미있는 연구가 항상 모순된 것은 아닙니다. 자랑하려고 하는 말은 아니지만, 저도 한 연구 했고 노벨상도 두 개나 받았거든요. 현대 사회에선 그 누구도 절대 자유로울 수 없지만, 우리 과학자들이 그나마 가장 자유롭지 않나요? 우리가 그 무기를 창조했습니다. 우리 없이는 탄생하지도 않았을 거예요. 결국 우리의 존재와 노력이 필요조건이었다는 겁니다.

벤야민은 원본과 복제품의 차이를 원본이 가지고 있는 '아우라aura'라고 했죠. 원본의 생성 조건과 배경 그 자체가 복제품과 다르다는 겁니다. 우리 과학자들은 그 누구보다 우리 연구의 배경과 창조 조건들을 잘 알고 있습니다. 현대 기술의 '아우라'를 기억한다는 거지요. 그런 우리야말로 복제된 지식의 추한 모습을 사회에 알리고 이해시킬 책임이 있다는 겁니다.

모든 인간은 원본입니다. 자신을 톱니바퀴 같은 복제품이 아닌 우주에 단 하나뿐인 원본임을 자각하는 순간, 우리는 인간이라는 원본의 아우라 중 하나가 바로 피할 수 없는 책임감이라는 걸 이해하게 될 겁니다.

우리는 왜 정의를 기대하는가

G QUESTION

미국에서 '겨우' 10만 부 팔린 마이클 샌델의 『정의란 무엇인가』가 한국에서는 100만 부 이상이 팔렸다. 샌델은 그 어디에서보다 많은 강사료를 받고 '돈으로 살 수 없는 것들'에 대한 강연을 하고 다녔다(결국 돈으로 살 수 없는 것들에 대한 지식을 돈만 많이 내면 살 수 있다는 아이러니는 잠시 잊자). 이유야 어쨌든 '경제민주화', '재벌 때리기', '빈부격차'가 주요 헤드라인인 한국 사회에서 '정의'는 여전히 중요한 이슈이다.

2008년 〈슬럼독 밀리어네어〉라는 영화가 인기를 끌었다. 정상적인 사고를 가진 사람이라면 누구나 뭄바이 쓰레기장에서 자라는 아이들을 보며 불쌍해하거나 분노하거나 또는 우울해했을 것이다. 그런데 우리는 다들 무엇에 화가 난 것일까? 만약 우리 자신이 쓰레기장에 산다면 어떨까? 아니, 이 세상 모든 사람들이 쓰레기장에 산다면? 애초에 우주 그 자체가 쓰레기장이라면? 쓰레기장에 산다는 사실에 화낼 이유가 없을 것이다. 은하수 한구석에 처박혀 평생 지구라는 돌덩어리와 중력의 힘에서 벗어나지 못한다는 사실이 우리를 분노하게 만들지 않듯 말이다. 쓰레기장 아이들을 불쌍하게 생각하는 이유는 어딘가 수영장에서 물놀이하고 있을 부촌 아파트의 다른 아이들이 동시에 존재하기 때문이다.

우리는 소중한 무엇을 빼앗은 사람에게 분노하고 정의를 요구한다. 어렵게 장만한 집이나 차를 훔친 사람에게 벌을 내리는 것이 우리에게 정의이며, 단 하나뿐인 목숨을 빼앗은 자에게 정의라는 이름으로 그의 목숨을 요구하기도

한다. '눈에는 눈'이라는 함무라비 법전의 설득력은 여기서 오는 것이다. 하지만 만약 우리에게 무한의 목숨이 있다면 어떨까? 나를 살해한 사람과도 마치 나의 수많은 머리카락 한 가닥을 뽑은 사람에게 대하듯 즐겁게 웃을 수 있을 것이다.

플라톤의『에우튀프론』에서 "신들이 정의를 원한다"라고 주장하는 에우튀프론에게 소크라테스는, 신들이 무언가가 정의롭기 때문에 원하는 것인지 아니면 그들이 원하기 때문에 무언가가 정의로워지는지 묻는다. '정의란 무엇'이라고 정하는 순간 우리는 그 무언가를 누구나 동의할 수 있는 수준으로 정당화해야 하는 딜레마에 빠지게 된다. 세상에 지각 능력이 없는 존재들만 있다면 '정의로운 세상'은 무의미할 것이다. 돌멩이와 지렁이 사이에는 '정의'라는 단어가 필요 없다. 우주에 나 혼자 존재하거나 존재하는 모두가 이 세상 모든 것을 가질 수 있다면, 역시 '정의'는 무의미해진다. 정의는 인지, 감정, 기억을 가진 사람들끼리 한정된 것을 나눌 때 느끼는 분배 패턴의 정당성이지 나누는 그 자체는 아니다.

그럼 어떻게 나누는 것이 정의로울까? 생산에 참여한 모든 사람들에게 동일하게 n분의 1로 나누거나, 각자 필요한 만큼 가져갈 수 있도록 한다고 생각해보자. 토머스 모어Thomas More의『유토피아』에서나 볼 수 있는 이런 이상적 패턴을 마르크스Karl Marx는 경제학으로 뒷받침하려고 노력했다. 하지만 문제가 있었다. 더 열심히 일하려는 인센티브가 희미해지고, 내가 소유한 재능과 노동력을 통해 생산한 것들을 노력을 투자하지도 않은 다른 사람들과 똑같이 나누어야 하는 짜증나는 상황이 벌어질 수 있기 때문이다.

'아나키즘'이라는 단어를 만들어낸 프루동Proudhon처럼 어차피 '개인 소유'란 불가능한 개념이라고 생각할 수도 있겠다. 그의 설명은 이렇다. 내가 소유한 재능은 부모에게 물려받거나, 교육을 통해 얻었거나, 책에서 읽은 것이다. 다른 사회 구성원들이 매번 연관된 덕분에 나의 재능과 노동력이 가능하다는 이야기이다. 우리가 사용하는 기계나 땅 역시 독립적으로 무에서 창조한 것이 아니다. 사회의 도움을 얻어서만 생산되는 그 무엇도 특정 개인의 소유가 될 수 없다. 그래서 프루동은 "모든 개인 소유는 도둑질이다"라고까지 주장했다. 그 누구도 사회로부터 100% 독립적인 소유를 주장할 수 없다는 생각은 설득력이 있다. 하지만 개인의 '모든 재능과 시간'이 사회 구성원들의 동일한 공헌을 통해 가능해진다는 주장 역시 일방적인 생각으로 보인다.

한편 자유론자 노직Robert nozick은 개인의 절대적인 소유를 주장했다. 노직은 정의와 분배 패턴의 상호관계 자체를 부정한다. 노직에 따르면 합법적으로 얻은 자원에 내 재능과 시간을 투자해 생산한 결과물은 내가 온전히 소유하거나 시장에서 정당한 가격을 받고 교환할 수 있다. 아무리 좋은 목적을 위해서라도 동의 없이 나라에서 가져가는 세금은 개인의 재능과 시간을 빼앗아가는 것이다. 그의 주장에 따르면 정부에서 가져간 만큼의 재능과 시간을 나는 사회에 무료로 헌납하는 것이고, 동의 없는 재능과 시간의 헌납은 노예나 하는 짓이므로 모든 세금은 결국 '노예제도'이다.

프루동과 노직이 저녁식사를 함께하며 세상 사는 이야기를 나눈다고 상상해보자. 장소는 노직이 활동했던 하버드대학 근처 리걸 씨푸드라는 꽤 괜찮은 레스토랑이다.

프루동 그럼 무슈 노직은 만약 세상의 99% 식량을 제가 소유해 대부분 먹지 못한 채 썩혀 버리더라도, 식량의 일부를 사회가 세금으로 가져갈 수 없다는 말인가요? 집 앞에서 어린아이들이 굶어 죽어가는데도?

노직 그렇습니다. 정의가 분배의 패턴이고, 사회가 그 패턴을 정할 수 있다면, 정당하게 얻은 개인의 소유를 정부가 제멋대로 다룰 수 있게 됩니다. 굶는 아이를 위해 제 것을 동의 없이 가져갈 수 있다면, 나중에는 그 아이의 옷을 위해서, 그리고 다음에는 그 아이의 대학교육과 새 집을 위해 마음대로 가져갈 수도 있습니다. 하이에크Friedrich Hayek[14]는 그래서 정부가 '정의란 무엇인가'를 규제하는 순간 우리는 정부의 노예제도 안으로 들어간다고 말했지요….

프루동 무슈 노직은 '정당한', '나의 소유'라는 단어를 자주 쓰십니다만, 선생님의 그 '정당한 소유' 역시 사회가 마련해주고 보호해주는 게 아닐까요? 선생님이 맨몸으로 태어나 하버드대학 교수로 부와 명예를 누리는 이유가 무엇일까요? 뭄바이 쓰레기장의 아이보다 단지 우연히 더 좋은 부모, 고향, 신경세포들을 가진 선생님이 사회로부터 더 많은 부를 훔쳤기 때문이 아닐까요? 공로 없는 우연과 확률이 인간의 운명을 좌우해도 된다고 생각하시나요?

(항의하려는 노직을 막으며) 그렇다면 벤담이 추구한 '최대 다수의 최대 행복'에 대해선 어떻게 생각하시나요? 행복지수는 어차피 로그함수로 증가하기 때문에 제가 10조를 가졌든 11조를 가졌든 큰 차이가 없습니다. 그렇다면 나에게 무의미한 1조를 세금으로 걷어 가난한 10만 명에게 나눠주는 쪽이 사회 전체의 행복지수를 높이는 데 도움이 되지 않을까요?

노직 한번 지하실에 갇혀 노예로 일하는 10명의 아이들이 10만 개 명품 백을 만든다고 상상해봅시다. 10만 소비자의 행복 덕분에 사회 전체 행복지수는 늘어나 겠지요. 하지만 그건 다수의 행복을 위해 소수가 노예로 살아도 된다는 위험한 말입니다. 공리주의의 난센스죠.

프루동 선생님 같은 자유론자가 아이들의 행복을 걱정한다는 게 신기하군요….

노직 (못 들은 척하며) 그럴 바에야 하버드대학 제 옆방 동료였던 롤스의 정의론이 더 설득력 있겠네요. 정의로운 사회는 차별적인 분배를 통해 최소 수혜자에게도 그 불평등을 보상할 만한 이득을 줘야 한다는.

프루동 롤스는 거기다 '원초적 입장 original position'이라는 모델을 도입했죠. 정의로운 분배 패턴에 대해서는 사회적 강자와 약자가 어차피 다른 생각을 가질 수밖에 없으니, 우리가 뭄바이 쓰레기장이나 빌 게이츠의 자식으로 태어날지 알 수 없는 상황을 상상한 후에 적절한 분배 패턴을 정해야 한다는 겁니다. 아는 것이 힘이 아니라 모르는 것이 정의로움이군요.

노직 '무지의 장막 veil of ignorance'은 귀여운 아이디어이지만 비현실적입니다. 나는 나이기에, '만약 내가 아니라면'이란 무의미합니다. 무지의 장막엔 항상 '나'라는 구멍이 뚫려 있다는 말입니다.[15] 비슷한 사례가 칸트의 주장이죠. 칸트는 공리주의식 결과보다 도덕적 동기를 더 강조했지만, 정말 그가 원하듯 우리가 "동기의 준칙이 보편적 입법의 원리가 되도록 행위"한다는 게 가능할까요? 개인적 동기의 정의를 보편적 입법의 정의를 통해 판단하는 건 단순한 말장난이 아닌가요? 결론은 항상 같습니다. 정의는 그 어떤 분배의 패턴도 아닙니다!

프루동 저는 동의할 수 없습니다. '노직'이라고 불리는 '나'는 왜 '노예제도'보다 '자유'를 선호할까요? '나'는 나의 뇌이고 나의 기억입니다. 그런 '뇌'에겐 확실히

'좋음'과 '싫음'이 있습니다. 음식과 물은 좋고, 배고픔과 아픔은 싫습니다. 독립적인 판단과 행동은 대부분 뇌에게 '좋음' 중 하나입니다. 그래서 자유론자들은 개인의 자유를 자명한 진실로 받아들이는 거죠. 하지만 '공평' 역시 뇌에겐 '좋음' 중 하나입니다. 인간을 포함한 대부분 영장류들의 뇌는 공평한 나눔을 경험할 때 '좋음'을 느끼고, 불공평은 좋아하지 않습니다. 인간이 공평을 기대하는 건, 마치 자유를 기대하듯 공평 역시 뇌의 기본적인 행복 조건 중 하나이기 때문입니다. 물론 인간은 동물이 아니고, 자유든 공평이든 우리가 뇌의 성향을 반드시 따라야 하는 건 아닙니다. 다만 자유는 본능이기 때문에 지켜야 하지만 공평은 본능이어도 지킬 필요가 없다는 것은 논리적이지 않습니다.

(반박하려는 노직을 막으며) 그나저나 너무 늦었네요. 계산은 어떻게 할까요? 제가 샐러드 하나를 먹는 사이에 선생님께서는 가장 비싼 바닷가재를 드셨군요. 각자 자유 의지로 선택해서 먹은 만큼 내지요….

노직 (당황하며) 뭘 그렇게 복잡하게…. 우리 그냥 n분의 1 할까요?

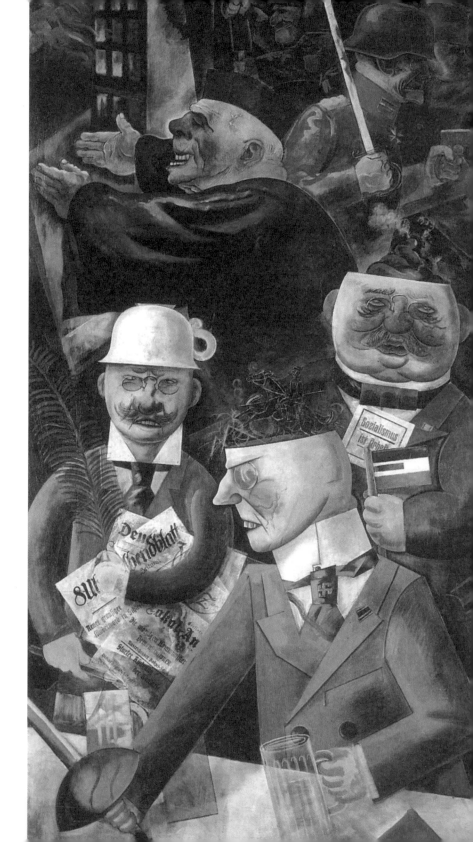

민주주의는 영원한가

G QUESTION

"그대는 우리의 인내력을 얼마나 시험할 것인가? 우리를 조롱하는 그대의 광기는 얼마나 더 오래 갈 것인가? 그대의 끝없는 뻔뻔스러움은 언제야 끝날 것인가?" 먼 훗날 소와 염소가 풀을 뜯고, 더 먼 훗날에는 중국과 러시아 관광객들이 정신없이 셀카를 찍고 있을 '포로 로마노Foro Romano'. 로마의 핵심 유적 중 하나이다. 기원전 63년, 로마의 집정관 마르쿠스 툴리우스 키케로Marcus Tullius Cicero는 '카틸리나 탄핵'을 위한 연설을 이렇게 시작한다. 루치우스 세르주스 카틸리나Lucius Sergius Catilina. 그가 누구였던가? 뇌물을 뿌려 로마 집정관이 되려다 실패한 카틸리나는 시민들의 부채 전액 탕감을 공약으로 지지자를 모아 쿠데타를 도모한다. 음모를 간파한 키케로는 네 번에 걸친 원로원 연설을 통해 쿠데타 지지 세력을 몰아내고 공화정을 지켜내는 데 성공한다.

민주주의의 힘, 공화국의 위대함, 지성의 영향력을 가르칠 때 단골로 등장하는 일화이다. 물론 이 이야기는 멋지다. 하지만 몇 가지 논리적인 문제가 있다. 애초에 로마 원로원은 민주주의적 의회가 아니었다. 매년 두 명씩 뽑히는 새로운 집정관을 돕는 재력가, 유명인, 그리고 과거 관료들로 구성된 자문기관일 뿐이었다. '세넥스senex', 그러니까 '어르신'이라는 라틴어에서 만들어진 '세나투스'(원로원)는 말 그대로 힘 좀 쓰는 어르신들의 모임이었다. 아테네에서 시작된 직접 민주주의의 영향을 받은 로마 공화정의 진정한 의회는 서민들로 구성된 민회Concilium Plebis였다. 민회는 법을 통과시키고 집정관과 원로원의 권력을 통제하며 군을 지휘하는 장소였다. 하지만 민회는 '어르신'들과의 싸움에서 밀렸고, 급기야 "망해가는 공화정을 재건하겠다"라는 옥타비아 누스의 거짓말로 시작된 로마제국 건립 후 역사에서 사라지고 만다.

모두 평등하고, 자유롭고, 잘사는 세상. 대부분 사람들이 선호하는 세상일 것이다. 적어도 모든 사람이 불평등하고, 자유롭지 않고, 못사는 세상보다는 낫다. 문제는 '모두', '평등', 그리고 '자유'의 정확한 의미에서 비롯된다. 우선 '모두'의 뜻이 부정확하다. 아테네의 클레이스테네스Kleisthenes는 'Isonomia', 그러니까 '법nomos 앞에 평등iso'은 모든 시민이 모든 결정에 참여하고 논의하며 투표할 수 있는 직접 민주제에서만 가능하다고 생각했다. 그래서 그는 당·국회·직업 정치인이 아니라 랜덤으로 선택된 일반 시민들이 행정부를 담당하게 했다.

4년마다 줄 서서 기다리다 도장 한 번 찍는 것으로 끝나버리는 미국·유럽·한국식 민주주의와 달리 두꺼운 전화번호부에서 아무렇게나 이름을 뽑아 장관·차관·대통령을 임명한다는 말이다. 물론 문제가 많은 제도이다. 아테네의 시민들은 직접민주제 투표를 통해 현명한 지도자 페리클레스Perikles를 추방하고 소크라테스를 사형시키기도 했다. 랜덤으로 뽑힌 대부분의 관료들은 무능하고 부패했다. 오늘 눈앞에 보이는 이득을 위해 미래를 등쳐 먹는, 뭐 그런 전통적인 포퓰리즘의 문제들 말이다. 그리고 대부분의 사람들은 우선 일상생활이 중요했다. 하루 종일 밭에 나가 일해야 하는 농부와 물려받은 재산 덕분에 시간이 남아도는 사람, 말솜씨가 좋은 사람과 말 없는 사람, 공동체의 마당발과 외톨이, 부모 없는 고아와 잘나가는 부모 덕분에 능력 없이도 덩달아 잘나가는 사람들. 대부분의 직접민주제는 그렇기에 서서히 돈 많고,

능력 있고, 말 잘하고, 연줄 많은 사람 위주의 통치, 그러니까 과두정치로 변신했다.

포퓰리즘의 문제를 극복하기 위한 전통적인 대안은 물론 대의원제이다. 투표로 뽑은 대리인들을 통해 변덕스럽고 이기적인 시민들의 의견을 현실적인 정책으로 평준화한다는 말이다. 랜덤으로 섞인 잡음 때문에 예측 불가능한 신호를 평균화해 숨겨진 정보를 찾아내는 통계학적 신호처리 방법과 비슷하게 말이다.

그런데 여기서 문제가 생긴다. 신호와 잡음을 정확히 구별하기 위해서는 객관적인 필터filter가 필요하다. 그런데 만약 필터에 '바이어스bias', 그러니까 편견과 성향이 포함돼 있다면? '저주파 통과 필터'를 사용하면 오로지 낮은 주파수의 신호만 통과할 것이고, '고주파 통과 필터'를 쓰면 오직 높은 주파수의 신호들만 살아남는다. 그렇다면 대부분의 국회·하원·상원 의원들은 '편견 없는 필터unbiased filter'일까? 물론 아니다. 역시 시간 많은 사람이 먹고살기 바쁜 사람보다 선거에 출마할 확률이 높다. 말 못하는 벙어리는 어느 국회에서도 찾기 어렵고, 하루 종일 비디오게임에 미쳐 타인과 어울리지 못하는 '오타쿠'들이 의원으로 뽑힐 리 없다.

독일 화가 조지 그로스. 조국을 위해 제1차 세계대전에 자원했던 그는 패전과 함께 시작된 독일의 첫 민주공화국, 바이마르공화국Weimarer Republik에 모든 희망을 건다. 하지만 희망은 곧 실망으로 변했다. 그의 분노는 '사회의 기둥'이라는 작품을 탄생시켰다. 형식적으로는 완벽한 민주국가 독일. 하지만 결국 그 사회를 지배하는 사람들은 누구일까? 그로스의 작품 속에는 전쟁과 침략만 생각하는 민족주의 파시스트들, 요강을 덮어쓴 언론, 술 취한 성직자, 잔인한 군인들, 머리에 똥만 가득 찬 정치인이 등장한다. 정치인의 가슴에 붙인 종이에는 'Sozialismus ist Arbeit', 그러니까 '사회주의는 일자리다'라고 적혀 있다.

민주주의는 자동차도, 기차도, 배도 아니다. 민주주의는 자전거이며 비행기이다. 멈추는 순간 넘어지고 추락하는. 직접민주제·대의원제·대통령제 모두 언제든 과두정치와 독재, 무질서와 카오스로 변질될 수 있다. 민주주의는 확률적으로 너무나도 불안전한 시스템이기 때문이다.

그렇다면 미래 민주주의를 가장 위협하는 요소들은 무엇일까? 아마도 '유산적 문제legacy problem'와 불평등일 것이다. 유산적 문제란 무엇인가? 마이크로소프트사의 윈도 운영체제가 좋은 예이다. '무어의 법칙Moore's law'(반도체 집적회로의 성능이 18개월마다 두 배로 증가한다는 법칙) 덕분에 컴퓨터 하드웨어는 지속적으로 빨라졌지만 사용자의 경험은 예전과 별로 다르지 않다. 거기다 유닉스Unix 운영체제 기반인 리눅스Linux나 애플의 OS X보다 언제나 더 불안전하다. 문제는 윈도의 '유산적 문제' 때문이다. 오늘날의 현실과는 도무지 어울리지 않는 과거 MS-DOS 시절의 코드들을 계속 유지하다 보니 시스템이 불안전해지고 느려지는 것이다. 1791년에 제정된 미국 헌법 수정 제2조를 생각해보자.

"잘 구성된 민병대는 자유로운 안보에 필수적이므로 무기를 소장하고 휴대하는 시민의 권리는 침해할 수 없다."

이 조항이 만들어진 시기는 영국과 독립전쟁을 불과 몇 년 전에 치렀고, 아직 중앙 행정력이 미치지 못하는 미지의 땅들로 둘러싸였던 18세기였다. 당시 상황을 고려하면 충분히 이해될 만한 법이다. 하지만 다양한 인종, 문화, 사회·경제적 배경을 가진 3억 명이 넘는 사람들의 공동체에서 여전히 개인이 돌격 소총을 소유하고 공공장소에서 무기를 휴대할 수 있다는 것은 난센스이다. 전통적인 유산적 문제의 결과물인 것이다. 그렇다면 유산적 문제를 해결할 수 있는 방법은 없을까? 모든 법에 '유효기간'을 도입하는 방법을 생각해볼 수 있다. 법들의 중요성에 따라 5년, 10년, 100년마다 갱신하지 않으면 자동으로 무효가 되도록 설계할 수 있겠다.

하지만 역시 민주주의의 가장 큰 문제는 대규모 불평등이다. 대부분 평범한 농부들로 구성됐던 로마의 민회는 언제부터 내리막길을 걷기 시작했을까? 훗날 제국 로마의 직업군인들과 달리 공화정 시대 로마의 군대는 평범한 시민들의 집합체였다. 아내의 남편, 딸과 아들의 아버지. 봄에 씨 뿌리고 늦은 가을에 수확하기 전까지 전쟁터에서 돌아와야 했던 농부들. 하지만 고대 로마가 이탈리아 반도를 점령하고 지중해 주변 모든 영토를 침략하기 시작하자 3개월의 종군은 3년, 그리고 10년으로 늘어났고 병사들의 농가는 황무지로 변했다. 군인들은 굶는 아이들을 위해 돈을 빌렸고 더 이상 빌릴 수 없으면 집과 땅을 팔았다. 그때 이런 집과 땅을 헐값으로 사는 사람이 나타났는데, 그들이 바로 'senex', 돈 많은 어르신들이었다.

로마가 팽창하는 만큼 나라는 부자가 되지만 로마는 더 이상 서민들의 나라가 아니었다. 토론하고 투표하던 자존심 강한 로마인들은 비굴하고 책임감

없는 노예로 변해갔다. 로마식 민주주의의 비극은 거기서 멈추지 않았다. 토론하고 투표하며 공동체를 책임졌던 자존심 강한 키케로 시대 원로원들 역시 황제의 노예로 변해갔다. 급기야 제국의 황제 역시 보이지 않는 신에게 바닥에 엎드려 절하는 신의 노예가 돼버린다. 마치 노예성마저 감염되는 듯.

오스트리아 출신의 경제학자 하이에크Friedrich Hayek가 『노예의 길Road to Serfdom』에서 언급했듯이 지나친 평등, 국가의 개입, 개인성의 무시는 인간을 국가의 노예로 만든다. 하지만 지나친 불평등과 국가의 외면 역시 개인을 강한 자의 노예로 바꿔버린다. 그렇다면 미래 사회 불평등의 가장 큰 원인은 무엇일까? 프랑스의 경제학자 토마 피케티Thomas Piketty의 주장대로 자본의 이득이 노동의 이득보다 더 빠르게 늘기 때문일 수도 있겠다. 하지만 사실 민주주의의 미래를 가장 위협할 불평등의 근원은 따로 있다.

30년, 50년, 100년 후. 기계가 드디어 정보를 이해하고 인간의 지능을 대체하는 순간, 인간은 더 이상의 발명도, 혁신도, 노동도 할 필요가 없을 것이다. 아니, 누구도 인간의 노동·혁신·발명을 필요로 하지 않을 것이다. 얼마든지 기계가 더 빠르고, 더 완벽하게 그리고 더 저렴히 해낼 수 있기 때문이다. 지구의 모든 물건과 서비스를 실리콘밸리에 위치한 10개의 인공지능 회사들이 만들어낼 수 있다면? 지구는 무한으로 부자가 되겠지만 99% 이상의 사람들은 직업도, 소득도 없어지지 않을까. 지구에서 소득세를 낼 수 있는 사람들이 단 10명뿐이라면? 100년 후 인공지능 시대에 과연 민주주의가 여전히 존재할지 궁금해진다.

SYLVESTRE 1890

로마는 정말 멸망했는가

G QUESTION

하얀 대리석 건물로 가득 찬 고대도시. 영웅들의 거대한 동상 아래 토가를 두른 사람들이 깊은 생각에 빠져 있다. 어느 날 지평선 너머에서 야만인들이 쳐들어 오기 시작한다. 황금색 갑옷을 입은 군인들은 용맹하게 싸우지만 밀려오는 야 만인들에게 도시를 함락당한다. 여자들은 강간당하고 노인과 아이들은 노예로 팔린다. 하늘을 찌를 듯하던 기둥들이 무너지고, 그렇게 문명 그 자체가 사라 진다. 인간이 사랑하고 고이 간직하던 모든 것들이 전멸하고 끝이 난다.

검은 피부의 오크족Oaks이 깊은 땅속에서 기어 나와 흰 피부의 엘프족Elves 과 대결한다는 〈반지의 제왕〉 한 장면이 아니다. 오랜 세월 동안 수많은 서양 인을 향수에 빠지게 한 로마제국의 멸망 시나리오이다. 에드워드 기번Edward Gibbon이 『로마제국 쇠망사History of the Decline and the Fall of the Roman Empire』에서 묻지 않았던가. 어떻게 그리고 왜, 전 세계를 지배하던 로마가 멸망했는지, 무엇 때문에 제국의 중심이던 포룸 로마눔Forum Romanum에서 소와 양이 풀만 뜯게 되었는지.

먼저 '로마제국'을 있는 그대로 바라보자. 기원후 2세기 당시 인류의 20% 인 1억 명을 지배한 도시. 로마는 물론 천국도, 플라톤이 구상한 완벽한 도시 도 아니었다. 티베르 강을 낀 작은 도시 로마의 거리는 좁고 혼란스러웠다. 로마에만 100만 명이 넘게 살고 있었으니 말이다. 대부분의 건물과 동상들은 강렬한 단색으로 채색돼 있었다. 독일 낭만주의 학자이자 미술사가인 빙켈만 Johann Joachim Winckelmann이 오랜 세월 풍파로 색이 다 벗겨진 유적들을 "백색의 우아함"이라고 표현한 것과 달리, 로마는 디즈니랜드나 라스베이거스와 같이 유치한 모습이었을지 모른다. 좋게 해석해도 무질서의 아름다움을 느끼게 하는 뉴욕이나 뭄바이에 가깝지 않았을까?

하지만 적어도 로마 병사들은 질서와 용맹의 상징이 아니었던가? 깔끔한 갑옷에 사각형 방패들로 사방을 보호한 '테스투도testudo'(거북이) 형태의 전술을 통해, 수적으로 우월한 적군을 물리치지 않았던가? 초기에는 그랬다. 하지만 할리우드 영화에 단골로 등장하는 스쿠툼scutum이라 부르던 사각 방패는 너무 무거웠고, 줄무늬 갑옷은 자주 망가져 유지하기 어려웠다. 대부분 용병 기마대로 구성된 후기 로마 병사들은 거추장스럽다며 갑옷 입기를 거부했고, 기마병에 더 적합한 타원형 방패, '파르마parma'를 선호했다. 그들은 이미 중세의 기사와 비슷한 모습을 하고 있었던 것이다. 더군다나 후기 로마의 장군들은 대부분 프랑크, 고트, 반달족 야만인 용병이었다.

한편 변태적 퇴폐와 사치로 악명 높았던 초기 황제들과는 달리 대부분의 후기 황제들은 암살과 반란을 두려워하며 숨어 살아야 했다. 기원후 235년 세베루스 황제가 암살당한 뒤 불과 50년 동안 26명이 왕좌에 올랐다. 평균 재위 기간이 채 2년을 넘기지 못했다. 칼리굴라 황제처럼 자신이 사랑하던 경마를 집정관으로 임명할 여유도, 네로 황제같이 로마 한복판을 헐어 거대한 호수와 별장을 지을 시간도 없었다. 아랍인 출신 첫 황제 필리푸스Philippus Arab는 반란으로 제위에 오르지만 그 역시 반란과 암살로 생을 마감하고 만다. 바티칸 박물관에 남아 있는 필리푸스의 흉상이 애타게 말하는 듯하다. 끝없는 근심과 걱정, 찬란한 과거에 그늘진 현재, 그리고 보이지 않는 미래의 두려움을.

그렇다면 로마는 정말 왜 멸망했을까? 크게 세 가지 이유를 생각해볼 수 있다.

첫째, 애국, 검소, 그리고 신앙을 기반으로 세워진 제국이 후손들의 사치와 국제화, 그리고 도덕적 상대주의 때문에 멸망했다. 초기 로마를 우상화하는 독일 역사학자 테오도르 몸센, 카이사르의 독재를 숭배하는 『로마인 이야기』의 작가 시오노 나나미, 프로테스탄트 정신을 강조한 막스 베버, 그리고 한국의 새마을운동을 연상케 하는 주장이다. 열심히 일하고, 저축하고, 나라를 사랑하지 않았기 때문에 로마가 망했다는 이러한 18, 19세기 식 이론은 허점이 많다. 물론 로마인들을 사치에 빠지게 한다며 그리스식 극장을 반대하던 카토, 검소한 생활로 유명했던 포에니 전쟁의 영웅 스키피오 아프리카누스. '프로테스탄트 정신'을 가졌던 이들은 모두 공화정 시대의 인물들이었다.

하지만 제국으로 번성한 로마는 이미 멋진 연설 하나에 감동해 불타는 애국심으로 움직이고 전쟁에 지원하는 그런 아늑하고 작은 마을이 아니었다. 이스라엘 사막에서 스코틀랜드까지, 추운 독일에서 리비아 뙤약볕까지, 방대해진 로마는 너무나도 국제적이고, 복잡하고, 어떤 면모로는 현대 코스모폴리탄에 버금가는 사회였다. 따라서 오늘날 미국의 경제, 외교, 군사적 성공을 18세기 미국 헌법 제정자들의 '단순함'과 '근면함'으로 설명하려는 '티 파티Tea Party' 운동의 억지처럼, 로마제국의 성공비결을 초기 공화정 시대의 도덕성으로만 해명하는 것은 무리이다.

둘째, 선조들의 종교를 포기했기 때문에 로마가 멸망했다. 수많은 경쟁자들을 물리치고 제위에 올라 기독교를 받아들인 콘스탄티누스 1세 황제는 기원후 330년 로마를 등지고 신新로마 '콘스탄티노플'을 재건하고 수도로 삼는다. 그리스·로마의 신을 섬기던 원로원은 강력히 반대한다. 제국이 로마에서 만들어졌으니, 로마를 포기하는 순간 제국도 멸망할 것이라고. 하지만 노인들의 사교모임으로 전락한 원로원이 황제의 칼 앞에서 버틸 도리가 없었다. 급기야 382년에는 독실한 기독교 신자였던 그라티아누스 황제가 제국에서 그리스·로마 신의 모든 흔적을 지워버리라고 명령한다. 특히 원로원에 남아 있는 승리의 여신 동상을 당장 없애버리라고. 먼 훗날 『철학의 위안』이라는 책으로 이름 알려진 기독교의 성인 보에티우스Boethius의 증조할아버지인 비기독교 의원 시마쿠스Quintus Aurelius Symmachus는 황제에게 무릎을 꿇고 부탁한다. 제발 승리의 여신만큼은 보존해달라고. 여신 없이는 로마가 멸망하고 말 것이라고.

과거의 신들을 부활시키려는 노력 때문에 기독교인들로부터 '배교자apostate'라는 별명을 얻은 로마의 마지막 비기독교 황제 율리아누스는 제국의 쇠망을 기독교인들의 영향 때문이라고 지적했다. 그를 주인공으로 한 역사소설 『율리안』의 저자 고어 비달Gore Vidal(1925~2012) 역시 비슷한 주장을 했다. 하지만 사실 로마의 쇠망은 기독교 억압이 극치에 달하던 2~3세기부터 이미 시작되고 있었다. 이 역시 그다지 설득력이 높지 않은 이론이다.

셋째, 로마 멸망의 직접적 원인은 군사적 퇴보이다. 초기 제국시대 로마군은 시민으로 구성된 보병 위주였다. 강력한 기강, 지옥 같은 훈련, 최첨단 무기로 무장한 로마 군단은 무적이었다. 그런데 제국이 확장하면서 용병과 기마병 위주로 군 구조가 바뀌자 국방력에 구멍이 났고 멸망하기 시작했다는 것이다. 기원후 476년 서로마가 멸망하고 홀로 남은 동로마제국에서는 실제로 게르만족 출신 용병들을 퇴출하고, 제국 초기의 무기와 전략들을 부활시키려는 움직임이 있었다. 하지만 말에서 내려 다시 사각형 방패를 들고 줄무늬 갑옷을 입는다고 상황이 달라졌을까? 물론 아니었다.

2세기 초 로마는 650만 평방미터의 영토를 가지고 있었다. 오늘날 40개가 넘는 국가들로 나눠진 거대한 땅을 겨우 40만 병사들로 지켜내야 하는 것이 로마의 현실이었다. 이미 제국 예산의 80% 이상을 군 유지에 사용하던 로마는 더 이상의 예산 증액이 불가능했다. 또한 병사들 대부분이 수천 킬로미터가 넘는 국경선을 따라 배치돼 전방 한 곳이라도 뚫리면 제국 전체가 무방비 상태가 될 위험이 컸다. 새로운 병력을 투입하려고 해도 걸어서 몇 주씩 걸리는 긴 국경선. 해결책은 하나뿐이었다.

국경선은 지역 시민병에게 맡기고 정예군단은 기동력이 뛰어난 기마병들로 편성해 이동하기 편한 지역으로 나눠 배치하는 것이다. 말을 타기에 칼은 당연히 길어져야 했고, 방패는 타원형이 적절했다. 수리를 위해 매번 대장장이가 필요한 줄무늬 식 갑옷과 달리 병사가 직접 수리할 수 있는 더 효율적인 '비늘 갑옷'으로 교체했다. 물론 기마부대로 탈바꿈하며 자연스럽게 늘어난 이민족 용병들의 영향력이 로마제국 멸망의 원인 중 하나일 수도 있을 것이다. 하지만 그 같은 끊임없는 군사적 혁신이 없었다면 거대한 로마제국은 애초에 존재할 수 없었을 것이다. 제국의 기원 자체가 멸망에 이를 원인의 씨앗을 품고 있었다는 이 설명 역시 타당성이 떨어진다.

세상 모든 것을 얻었던 자의 쇠락, 도저히 일어나서는 안 될 일의 현실화, 피와 눈물로 얻어낸 것이 언제든지 다시 무로 되돌아갈 수 있다는 허무함. 이

런 이유들 때문일까? 철학자 화이트헤드가 모든 서양철학을 플라톤에 대한 각주라고 정의했듯, 서양의 역사는 로마제국을 부활하려는 노력의 반복이라고 해석할 수 있겠다. 동로마제국, 비잔틴제국, 신성로마제국, 러시아제국, 합스부르크제국, 대영제국, 그리고 나치의 천년제국. 원로원은 국회가 되고, 집정관은 수상이 되었다. 대리석 기둥들로 둘러싸인 신전은 도서관, 은행, 그리고 재판소로 탈바꿈했고, 교황은 황제의 명칭 중 하나인 '폰티펙스 막시무스pontifex maximus'(로마 신전의 최고 사제)를 물려받았다.

어쩌면 로마는 멸망하지 않았는지도 모른다. 서양인들의 가슴속 로마는 언제나 존재했으며, '지구 1등 인종'이라는 오만한 믿음 아래 로마제국은 오늘도 여전히 존재하고 있는 것이다.

왜 서양이 세계를 지배하는가

G QUESTION

Anno Hegirae 1435. 선지자 마호메트가 메디나로 이주한 지 음력으로 1,435년 지났다. 과거 '영국'이라 불리던 알-안케레트라(Al ankeletra-England의 아랍식 발음)의 수도 런던 다우닝 스트리트 10번지에서는 데이비드 캐머런 총리가 오늘도 새벽 기도로 바쁜 하루를 시작한다. 손과 발, 얼굴, 목, 그리고 눈을 말끔히 씻은 그는 성스러운 마음으로 메카를 향해 속삭인다. "알라후 아크바르(알라는 위대하시다)! 알라가 유일한 신이시며 모하메드는 유일한 선지자다." 기도를 마친 캐머런 총리는 외교부 보고서를 읽기 시작한다. 미국의 소식은 여전히 골치 아프다. 이슬람 연합군이 점령한 워싱턴 D. C.에서 또다시 자살테러가 일어난 것이다. 죄 없는 많은 시민들이 죽었고, '영원한 자유Operation Eternal Freedom'[16]라는 작전명 아래 광신 기독교 반란군과 싸우고 있는 연합군 10명도 목숨을 잃었다. 언론과 시민들의 반응은 뻔할 것이다. 도대체 왜? 왜 젊은 이슬람 청년들이 머나먼 미국까지 가서 죽어야 하는가? 희망도 미래도 없는 실패한 나라 아니던가?

알라후 아크바르! 술탄 살라딘Salah ad-Din Yusuf ibn Ayyub[17]이 안 계셨다면 우리도 어쩌면 기독교 지배 아래 살고 있었을지 모른다. 상상만 해도 치가 떨린다. 그들, 찬란한 그리스-로마 문명을 멸망시킨 장본인들이 아니던가? 우리 이슬람은 플라톤, 아리스토텔레스, 심플리치오Simplicius의 정신을 물려받은 이븐 시나Ibn Sina와 이븐 루슈드Ibn Rushd 덕분에 계몽과 과학기술을 만들어냈다. 객관적으로 생각해보자. 젊은 이슬람 청년이 허리에 폭탄을 차고 도시 한복판에서 죄 없는 시민들을 살생한다는 것을 상상이나 할 수 있겠는가? 그들이 가난하고 우리가 잘사는 데에는 다 그럴 만한 이유가 있다. 우리 이슬람인들이 세상을 지배하고 있기 때문이다.

Anno Domini(A. D.) 2014년, 영국 총리 데이비드 캐머런은 무슬림이 아니다. 워싱턴 D. C. 거리에는 이슬람 연합군이 없으며, 거꾸로 카불과 바그다드에 미-영 연합군이 주둔하고 있다. 어디 그뿐인가? 서유럽에서 가장 먼, 유라시아 대륙 끝 한반도에 사는 우리 역시 아침에 일어나 따뜻한 커피 한잔을 마시며 리모컨으로 TV채널을 돌린다. 좌우로 나뉜 국회에서는 오늘도 여전히 시시콜콜한 문제를 가지고 논쟁한다. 양복을 입고 자동차를 타고 회사로 출근한다. 통유리로 만든 건물에 도착해서는 컴퓨터를 두들기고 주식시장을 살펴본다. 볼펜과 연필로 중요 내용들을 적고 샌드위치로 점심을 해결한다. 퇴근 후 친구들과 영화를 보거나 간단한 볼링 게임을 즐긴다. 와인을 꽤 많이 마셔 운전을 포기하고 지하철로 집에 온다. 그리고는 재빨리 샤워하고 침대 위에서 잠든다. 오늘은 안젤리나 졸리가 꿈에 나오려나….

지구에 사는 대부분의 인간들은 서양식 옷을 입고, 서양식 생활을 하며, 서양에서 시작된 논쟁을 한다. "복지냐 성장이냐?", "원자력이냐 재생에너지냐?. 왜 하필 서유럽 중심의 문명이 중국, 페르시아, 몽골, 이슬람 등 수많은 위대했던 문명을 누르고 세계를 지배하게 된 것일까?

치열한 경쟁, 과학, 법치주의, 의학, 컨슈머리즘consumerism, 근로윤리. 하버드대학 퍼거슨Niall Ferguson 교수는 서양문명만이 이 6가지 조건들을 다 갖췄기 때문이라고 설명한다. 그 같은 영국 출신 서양우월주의자라면 당연히 "그래, 우리는 정말 잘났어"라고 자랑스러워할 만한 근거들이다. 하지만 무언가 찜찜하다. 왜 하필 이런 서양의 '우아한' 문화자산들만 이야기한 것일까? 19세기 식민주의와 20세기 유대인 대학살을 자행한, 자랑스럽게 내세우기 껄끄러운 전통들도 있지 않았던가? 폐쇄적인 인종차별주의, 자연을 정복하고 지배해야만 한다는 기술우월주의, 자신들이 속한 공동체만이 신에게 선택되었다는 광적인 믿음, 나와 다른 타인과 타 문명은 반드시 파괴시켜야 한다는 서양의 전통 말이다. 그래서 다이아몬드Jared Diamond 교수는 마키아벨리스러운 어투로 서양이 세계를 지배하게 된 비밀을 총, 균, 쇠라고 이야기하지 않았던가?

돌아보면 총과 균과 쇠는 유럽인의 독점물이 아니었다. 유럽이 세계정복에 막 발 들이던 15세기 초, 지구에는 유럽과 비슷한 수준의 경쟁 문명이 적어도 두 개 존재했다. 중국 명나라와 터키 오스만 제국 말이다. 어쩌면 그들은 서양보다 더 앞서 있었는지도 모른다.

명나라 환관이자 제독이었던 정화는 1407년부터 1431년까지 총 일곱 차례의 대원정을 통해 인도양과 아프리카를 탐험했다. 120미터 길이의 거함들과 총 2만 7,800명의 선원을 데리고 말이다. 정화보다 약 90년 늦게 신대륙을 찾아나선 콜럼버스는 고작 세 척의 배와 120명의 선원을 데리고 나갔다. 그런가 하면 1453년 오스만 황제 메흐메드 2세는 비잔틴제국의 수도 콘스탄티노플을 정복하는 데 성공했다. 삼중 성벽이 지키고 있어 난공불락이라던 콘스탄티노플을 함락한 오스만 제국은 중동, 아라비아, 북아프리카, 동유럽을 넘어 서유럽 정복으로 들어간다. 피리 레이스Piri Reis 오스만 제독은 지중해 패권을 차지했고 황제 쉴레이만 1세는 신성로마제국의 수도 빈을 포위했다. 빈, 로마, 파리, 런던. 서유럽 전역이 이슬람화되는 것은 시간문제로 보였다.

비슷한 시대, 비슷한 조건과 비슷한 비전을 가졌던 세 개의 문명. 스탠퍼드 대학의 이언 모리스Ian Morris 교수는 문화도, 전통도, 종교도, 인물도 아닌 유럽 특유의 지형이 서양의 세계정복을 가능하게 했다고 주장한다. 중국처럼 지형적으로 너무 고립되지도, 오스만 제국처럼 너무 방대하게 퍼져 있지도 않기에 가능했다는 말이다. 노리치Julius Norwich, 브러드뱅크Cyprian Broodbank, 아불라피아David Abulafia 역시 지중해라는 지형적 특성이 서양문화의 세계 주도를 가능하게 했다고 설명한다. 유럽과 아시아와 아프리카로 둘러싸인 지중해야말로 서양문명의 '특징'인 개척과 교류와 소통의 기원이었다는 것이다. 그런데 왜 하필이면 '지중해'만일까? 남중국해는 중국, 베트남, 인도네시아, 필리핀으로 둘러싸였고, 아라비아 해는 인도, 아랍, 아프리카라는 독특한 세 문명의 만남을 가능하게 하지 않았던가.

반대로 이런 가설을 세워볼 수 있겠다. 서양의 역사, 지형, 인물, 철학, 그 어느 것도 세계지배의 결정 요인이 아니라고. '원인'이란 반복된 실험이 가능할 때에만 의미가 생긴다. 특정 변수 외에 다른 모든 조건들을 동일하게 유지해야만 논리적 인과관계를 찾아낼 수 있다는 말이다. 1571년 10월 7일. 그리스 레판토Lepanto 앞바다에서는 212척의 배에 탄 7만 기독교 연합군과 280척에 탄 8만 오스만 제국군의 해전이 벌어졌다. 결과는 기독교 연합군의 압승이었다. 한정된 배에 가능한 한 많은 병사를 태운 오스만 제국과 맞선 기독교 연합군은 더 많은 대포를 싣는 전략을 택했다. 대포냐 사람이냐, 기독교냐 이슬

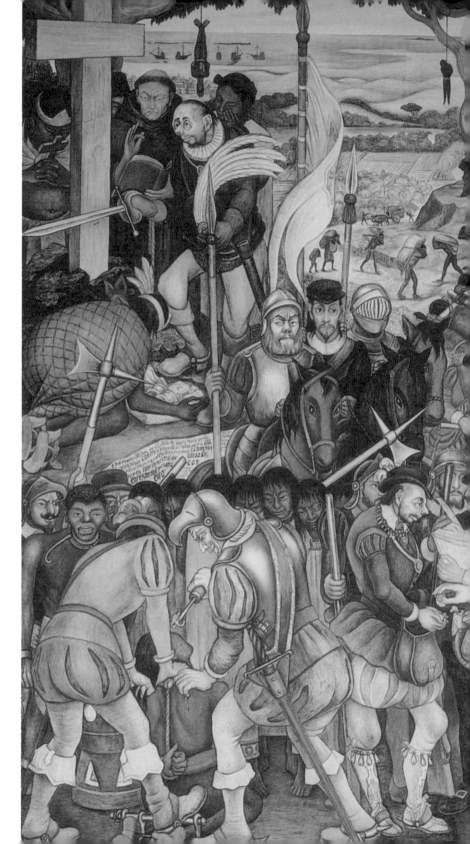

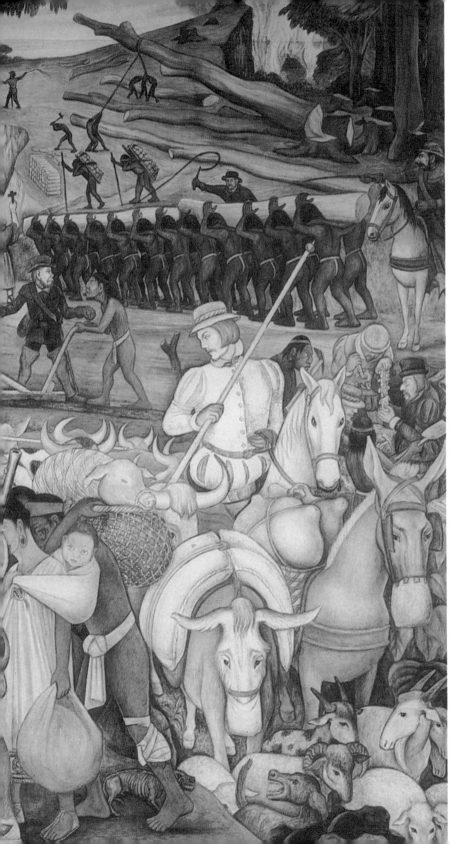

람이냐, 서양이냐 중동이냐. 레판토 해전에서 결정되었다는 것이 또 하나의 가설이다. 그렇다면 서양의 세계정복을 논리적으로 분석하고 증명하기 위해 우리는 레판토 해전을 무한으로 반복할 수 있어야 한다. 치열한 경쟁, 과학, 법치주의, 의학, 컨슈머리즘, 근로윤리, 총, 균, 쇠, 지중해…. 이 모든 변수들을 차례로 바꿔가며 말이다.

물론 역사는 논리도 과학도 아니다. 반복할 수 없기 때문이다. 더구나 대부분의 역사는 아무 이유가 없는 사소한 우연들의 합집합일 수도 있다. 로또 1등에 당첨된 A라는 사람을 생각해보자. A는 정답을 맞혀 거액의 상금을 받고, 나머지 수천만 명 중 한 명인 B라는 사람은 못 받는다. A와 B의 차이는 무엇일까? A의 과거에서 답을 찾을 수 있을까? A는 특정 지역에서 태어나 특정 교육을 받았으며 특정 장소, 특정 시간에 나타났다. A의 뇌는 특정 신경세포들을 자극했고, 자극받은 오른손 힘줄은 A에게 특정 번호를 선택하게 했다.

하지만 이 모든 설명들은 단순히 A의 과거행동을 반복·재생할 뿐이다. 만약 B가 A와 양자역학 차원까지 완벽하게 동일한 과거를 가질 수 있다면 (물론 비현실적이지만) B도 로또에 당첨될 수 있다. 하지만 A와 완벽하게 동일한 B는 논리적으로 A와 구별되지 못한다. 서양과 완벽하게 동일한 우연, 역사, 철학, 지형, 사람을 가졌다면 오스만 제국도 역시 세계를 정복할 수 있었을 것이다. 하지만 그 말은 결국 "터키가 완벽하게 서양과 동일했다면", 고로 "서양이 서양이라면" 세계를 정복했을 것이라는 논리적 난센스가 된다.

세상은 복잡하다. 사소한 우연의 일치가 거대한 변동의 원인이 될 수 있고,

역사를 바꾸어놓을 것 같던 사건이 아무 이유 없이 사라져버릴 수 있다. 세상은 언제나 무한의 가능성과 무의미한 우연 사이의 싸움이다.

서양은 오늘날 세상을 지배한다. 하지만 서양의 과거는 현재의 논리적 원인이 아닌 포스트훅post hoc, 그러니까 이미 일이 벌어진 후 제시된 '편한' 해석일 뿐이다. 어쩌면 세상을 지배할 수 있는 유일한 방법은 과거 정복인지 모른다. 우연과 가능성들의 합집합인 과거를 재해석하고 평가함으로써 우리는 '왜'라는 질문에 답을 얻는다. 과거를 소유하는 자만이 무질서한 역사를 질서로 재탄생시킬 수 있다는 말이다.

인간은 왜 유명해지고 싶어 하는가

G QUESTION

이집트의 피라미드, 바빌론의 공중정원, 에페소스의 아르테미스 신전, 올림피아의 제우스 상, 할리카르나소스의 마우솔로스 영묘, 로도스의 거상, 그리고 알렉산드리아의 등대. 지금은 피라미드 외에 대부분 흔적조차 남아 있지 않지만 고대 그리스인이 꿈에 그리던 7대 불가사의들이다. 너무나도 위대한 이 기적들은, 나약한 우리들과 달리 영원히 존재할 것으로 숭배되었다. 하지만 인간의 손으로 만든 것은 인간을 닮아가는 것일까? 병으로 죽고 시간에 잊히는 우리의 운명처럼 이 불가사의들은 지진, 해일, 전쟁으로 서서히 사라져갔다. 하지만 사냥의 여신 아르테미스 신전의 운명만은 조금 달랐다. 리디아 Lydia 영토 에페소스에 지어진 이오니아 최대 건축물 아르테미스 신전. 130미터가 넘는 길이에 18미터 높이의 기둥들로 장식된 이 초대형 건축물은 대리석으로 지어진 첫 그리스 신전이기도 하다. 그리고 처음으로 인간에게 고의적으로 '살해'당한 건물이었다.

기원전 356년 7월 21일, 에페소스의 젊은 청년이 신전에 불을 지른다. 1,000도가 넘는 불에 대리석은 이산화탄소를 내뿜기 시작했고, 대리석은 메마른 각질처럼 신전의 피부에서 떨어져나갔다. 불은 밤새도록 탔고, 다음 날 아침 여신의 신전이 있던 자리에는 잿더미만이 남았다. 분노와 좌절로 거리에 주저앉은 에페소스 시민들에게 방화범은 말한다. 돈도, 권력도, 증오도 아니었다고. 단지 자신의 이름을 영원히 알리고 싶었다고. 다른 인간들처럼 세상의 기억에서 이름 없이 사라지기 싫었다고.

인간은 왜 유명해지고 싶은 것일까? 유명세를 통해 직접적인 이익이 커지기 때문일까? 철갑 같은 피부나 날카로운 이빨이 없는 인간은 집단생활을 통해 서로 협력해야 살아남을 수 있었다. 대부분의 집단에는 계급이 있고, 계급이 높을수록 더 많은 혜택을 누릴 수 있다. 최고 권력자는 가장 좋은 것을 먹고, 원하는 모든 여성들과 자식을 가질 수 있다. 나머지 구성원들은 최고 권력자의 행동을 잘 파악해야 한다. 집단 내 생존을 위해 권력자의 미세한 표정을 구별하고 기억하는 것을 게을리하면 안 된다. 그가 웃으면 안심해도 되지만 화를 내면 바로 긴장해야 한다. 마음에 안 들면 내 숨통을 끊을 수도, 나를 집단 밖으로 몰아낼 수도 있기 때문이다.

안락한 동굴이나 마을에서 쫓겨난 인간이 며칠이나 살아남을 수 있을까? 그리스인들은 그래서 사형보다 오스트라키스모스ostrakismos, 즉 도편추방을 더 두려워했고, 피렌체에서 쫓겨난 단테는 '베아트리체'라는 추상적인 안식처에서 마음의 평온을 찾으려 했다. 비행기만 타면 세계 어디라도 갈 수 있는 오늘날조차, 만약 고향으로 영원히 되돌아올 수 없는 조건이라면 선뜻 해외로 나가기 힘들 것이다.

인간 사회는 유명인과 무명인으로 나뉜다. 내가 관심을 주어야 하는 사람이 나에게 관심을 주는 사람보다 더 많다면, 나는 공동체의 배경인물이며 약자이다. 힘, 노력, 재능, 운 덕분에 내 행동에 관심 가지는 사람이 내가 관심 주는 사람보다 더 많다면, 나는 공동체의 주인공이며 사회적 강자이다. "커서 뭐가 되고 싶어?"라는 질문에 대부분 아이들이 "유명해지고 싶어요"라는 대답을 하는 것은 너무나 당연한 것이다. '유명해지고 싶다'라는 희망은 사실 '살아남고 싶다'라는 말의 다른 표현일 뿐이기 때문이다.

힘이 있는 사람은 대개 유명하다. 하지만 유명하다고 항상 힘이 있는 것은 아니다. 아르테미스 신전 방화범은 사형당했고, 비틀즈 멤버 존 레논을 암살한 범인으로 영원히 이름을 남기려 한 광팬 마크 채프먼Mark Chapman은 여전히 감옥 안에 있다. 힘은커녕 목숨과 자유조차도 지키지 못한 것이다. 혜택이나 이득 없는 유명세를 원하는 이유는 무엇일까? 아니 그보다 더 이해하기 어려운 것도 있다. 왜 우리는 유명한 사람들에게 그렇게도 관심이 많은 것일까?

유명 연예인이 길에 나오면 교통이 마비되고, 그들의 시시콜콜한 사생활은 대중의 최고 관심사가 된다. 영국인의 36% 정도가 병적일 정도로 유명인에게 집착한다고 한다. '유명인 숭배증Celebrity Worship Syndrome, CWS'이라는 공식 병명이 생길 정도다. 마릴린 먼로, 찰리 채플린, 제임스딘…. 할리우드의 전설 같은 스타들이다. 그런데 그들에 대한 관심과 오늘날 케이팝K-POP 아이돌에 대한 집착이 우리 인생에 무슨 도움이 될까? 스타는 우리가 두려워해야 할 대상이 아니고, 유명인들의 사생활에 무관심하다고 공동체에서 추방될 리 없다. 아이돌에게 집착한다고 그들의 명예와 부가 내게 오는 것도 아니다. 스타의 지위는 전염병이 아니기 때문이다. 그렇다면 다른 해석을 해봐야 한다. 우리가 유명인에게 집착하는 것은 그들을 통해 세상과 나의 삶이 설명되기 때문이다?

세상은 인간에게 언제나 설명할 수 없는 두려움 그 자체였다. 갑자기 숲에서 나타난 맹수들에게 가족이 끌려가고, 하늘에서 쏟아진 비에 온 세상이 바다로 변하기도 한다. 어제까지 뛰어다니던 아이가 피를 토하고 쓰러져 더 이상 숨을 쉬지 않고, 먹을 것이 풍성하던 세상이 꽁꽁 얼어버려 굶어죽기도 한다. 세상은 잔인한데 우리는 잔인함의 이유를 모른다. 이유를 모르면 이해할 수 없고, 이해하지 못하면 내일 또 어떤 일이 벌어질지 몰라 겁난다. 불확실함은 우리를 두렵게 한다.

최초의 인간에게 우주는 카오스였다. 원인과 이유가 없는 '참을 수 없는 무질서'였다. 그러던 어느 날 획기적인 생각이 떠올랐다. 석기시대의 아인슈타인이라고 할까? 그의 뇌 신경회로망 사이로 유혹 하나가 바이러스처럼 퍼지기 시작한다. 만약 나, 너, 우리들 외에 다른 존재가 존재한다면? 눈에 보이지 않는 바로 그들이 이 세상 모든 것들의 원인이라면? 해는 보이지 않는 '거대한 늑대들'에게 쫓겨 쉬지 않고 동쪽에서 서쪽으로 도망 다니는 것이라면? 바람은 세상 끝에 사는 거인들의 거친 숨이라면? 천둥은 아버지 같은 하늘신의 노여움이라면?

이해할 수 없었던 자연 현상 하나하나에 보이지는 않지만 익숙한 존재들을 연결시키는 순간 무질서의 카오스chaos는 질서의 코스모스cosmos로 변한다. 천둥은 이해할 수 없지만, 아버지의 노여움은 너무나 익숙하기 때문이다. 하지만 어렵게 얻은 코스모스는 언제든 두려운 카오스로 되돌아갈 수 있다. 만물의 원인인 신들의 동기를 알 수 없기 때문이다. 왜 하늘신은 노하는 것이고, 바다신은 무엇 때문에 태풍을 만드는 것일까?

해답은 하나뿐이었다. 신들에게 인간과 동일한 동기를 부여하면 된다. 제우스는 예쁜 여자만 보면 정신 못 차리는 늙은이고, 아레스는 바람피우는 아내를 떠나지 못하는 멍청한 싸움꾼이며, 포세이돈은 큰형에게 기죽어 사는 만년 둘째이다. 올림포스의 신들이야말로 막장드라마에 출연한 연예인 같은 존재였고, 그들에 대한 소문과 집착과 관심을 통해 고대 그리스인들은 자신들만의 코스모스를 유지할 수 있었다.

하지만 만물의 원인을 설명하는 방식은 그리스 신들의 유치한 드라마 외에도 다양했다. 그런 점에서 고대 이집트 왕 아크나톤Akhnaton은 어쩌면 인류 최고의 혁신자였는지 모른다. 그는 선포한다. 우주에는 단 하나의 신만 존재한다고. 뱀, 늑대, 사람을 닮은 수백, 수천의 신들이 아닌 태양신 '아톤' 하나뿐이며, 만물의 모든 원인이 바로 그 유일신에게 있다고. 자신의 이름을 '아톤의 종', 즉 '아크나톤'으로 바꾼 그는 우주의 모든 질서를 단 하나의 존재만으로 설명하려 했다. 단 하나의 존재를 통해 만물의 질서를 받아들이기에 인간의 두려움은 너무나 컸던 것일까? 아크나톤의 기억은 이집트 역사에서 지워졌고, 우리는 여전히 올림포스의 신과 같은 스타군을 통해 세상의 질서를 이해하려고 한다.

양자우주론과 진화론이 만물의 원리를 설명할 수 있다 해도, 인간에게는 커다란 질문 하나가 남아 있다. 나는 누구이며, 어떻게 살아야 하는가. 현대 과학이 제시하는 코스모스 식 질서는 대부분 사람들이 느끼는 내면의 카오스에 아무런 답을 줄 수 없는 듯하다. 하지만 배경인물에 불과한 우리와 달리 유명인은 사회의 강자이며 공동체의 주연급 인물이지 않은가? 어쩌면 그들의 삶을 통해 내 삶의 답을 찾을 수 있지 않을까? 그들이 불안한 내 마음의 코스모스가 되어줄 수 있지 않을까? 결국 우리는 인생의 주인공 같아 보이는 타인의 삶을 통해 아무리 노력해도 여전히 하찮을 수밖에 없는 우리의 삶을 설명하려 하는지도 모른다.

방화범을 처형한 에페소스 관료들은 결정한다. 자신의 이름을 남기려고 여신의 신전에 불을 지른 그의 이름을 인류의 기억에서 영원히 지워야 한다고. 방화범의 이름을 언급하는 행위는 사형으로 처벌하겠다고. 하지만 역시 역사란 아이러니의 다른 이름일 뿐인 것일까? 에페소스 관료 그 누구의 이름도 우리는 모르지만, 방화범의 이름은 잘 알려져 있다. 헤로스트라투스Herostratus.

우리는 누구인가

IG QUESTION

"악몽을 꾸다 깨어난 그레고르 잠자는 침대 위에 괴물같이 커다란 벌레로 변해버린 자신을 발견한다." 프란츠 카프카의 소설『변신』은 이렇게 시작한다. 영업사원으로 열심히 일해 가족을 먹여 살리던 그레고르의 변신은 곧이어 가족들의 변신을 불러온다. 충격과 걱정은 서서히 역겨움과 귀찮음으로 변해가고, '저것'을 없애버리자는 첫마디가 사랑스러운 여동생의 입에서 나온다. 집안의 희망이며 미래였던 그가 왜 갑자기 '저것'이 되어버린 것일까?

우리는 매일 일어나며 확신한다. 오늘 아침의 '나'는 바로 어제 침대에서 잠든 '나'와 같다고. 하지만 적어도 우리의 몸은 영원하지도, 항상 일치하지도 않는다. 인간의 몸은 수십 조의 세포들로 구성되어 있다. 세포들은 주기적으로 만들어지고 분열하고 죽는다. 허파세포는 2~3주마다, 간세포는 5개월에 한 번씩 만들어진다. 창자세포들이 교환되는 데는 2~3일이 걸리고, 4개월에 한 번씩 '중고' 적혈구들은 새로운 적혈구들로 바뀐다. 피부세포들은 시간당 3만~4만 개씩 죽어 매년 3.6킬로그램이나 되는 세포가 몸에서 떨어져나간다. 창문을 열어놓지 않았는데도 바닥에 하얗게 쌓인 '먼지' 대부분이 바로 얼마 전까지 씻고, 만지고, 감각한 우리들의 한 부분이었던 것이다. 우리는 인간으로 잠들어 벌레로 깨지 않더라도, 매일 조금씩 변신하고 있다는 말이다. 그런데도 변하지 않는 듯한, '나'라는 정체성의 근거는 과연 무엇일까?

벌레로 변신해 벽을 기어 다니면서도 그레고르는 여전히 그레고르로 생각하고 그레고르로 느낀다. 사랑에 빠진 아폴론 신에게 쫓기다 더 이상 피할 수 없게 되자 나무로 변한 그리스 신화의 다프네 역시, 변신 후 여전히 다프네로 생각하고 다프네로 느끼지 않았을까? 피부나 간세포와는 달리 대부분의 대뇌피질 신경세포들은 더 이상 만들어지지도 분열하지도 않는다. 덕분에 우리는 오래전 유치원에서 들었던 노래를 아직도 부를 수 있고, 『잃어버린 시간을 찾아서』의 마르셀은 '마들렌' 쿠키의 맛 하나로 어린 시절 시시콜콜한 추억까지 끄집어낼 수 있는 것이다. 그렇다면 데카르트의 말을 빌려 "그레고르로 생각한다, 고로 그레고르다"라고도 말할 수 있을까?

세상과 분리된 생각 그 자체만으로 존재와 정체성이 성립한다고 생각한 데카르트와 달리, 독일 철학자 헤겔G. W. F. Hegel은 정체성이란 항상 다른 존재와의 관계를 통해서만 가능하다고 주장했다. 이불을 뒤집어쓰고 혼자서 아무리 생각하고 비판하고 의심해봐야 소용없다는 말이다. 그레고르가 아무리 자기 스스로 영업사원 '그레고르 잠자'라고 기억하고 생각해봐야 다른 사람 눈에는 징그럽기 짝이 없는 커다란 벌레 한 마리로 비칠 뿐이다.

우디 앨런 감독의 영화 〈젤리그〉.[18] 영화는 '인간 카멜레온' 레오나르도 젤리그의 인생을 보여준다. 흑인들 사이에서는 흑인이 되고, 보수주의자 사이에서는 보수주의자, 좌파 사이에서는 혁명가로 변신한다. 야구장에서는 멋진 야구선수이지만, 뚱뚱한 사람들 옆에서는 고도 비만 현상을 보인다. 로마제국에서는 로마인, 이슬람 왕조가 지배하던 중세 스페인에서는 무슬림, 독일에서는 모범적인 독일인이 되려고 한 유태인들의 2,000년 디아스포라를 보여주듯 말이다.

they were all following his efforts in suspense, he bit recklessly int[o]
key with all the strength he could muster. He danced around the
now here, now there, following the progress of the key as it turned
he was keeping himself u⋯ ⋯is mouth, and, as the
arose, he either hung fr⋯ ⋯own again with th[e]
weight of his body. T⋯ ⋯as it finally sn⋯
back, woke Gregor⋯ ⋯of relief he s⋯
himself: "So then,⋯ ⋯he placed his
on the handle, in c⋯ ⋯y.

Since he had to o⋯ ⋯e was still out o[f]
after it was already fai⋯ ⋯to turn his body
around one leaf of the dou⋯ carefully at that, if he
want to fall squarely on his back right before entering the room.
till occupied by that difficult maneu[ver] and had no time to pay
ion to anything else, whe⋯ ⋯the chief clerk utter a
"Oh!"—it sounded like the ⋯wling—and now he saw h[e]
well. He had been the closest ⋯or; now, pressing his hand a[gainst]
his open mouth, he step⋯ed ⋯ard as if driven away by
nvisible force operating ⋯pressure. Gregor's mot[her]
despite the presence of ⋯stood there with her ha[ir]
ndone from the previo⋯ ⋯a high, ruffled mass
ooked at his father wi⋯ ⋯en took two steps t[o]
Gregor and collapsed ⋯icoats, which billow-
ll around her, her ⋯ew and sunk on her
his father clenche⋯ ⋯ession, as if intend[ed]
push Gregor bac⋯ ⋯ed around the pa[rlor]
uncertainty, sh⋯ ⋯nd wept so hard
hook his pow⋯

Gregor n⋯ ⋯room; he stayed
eaning on th⋯ ⋯y latched, so that
ould be seen⋯ ⋯it, his head tilted
ide, with wh⋯ ⋯ers. Meanwhile
ecome much⋯ ⋯on the other side
treet was a se⋯ ⋯opposite from
ndless, gray-black⋯ ⋯th its regularly place[d]
ows harshly pierci⋯ its facade; the rai⋯ was still falling, but
arge drops that were individually visible and were literally flung
upon the ground one by one. An excessive number of breakfast
nd utensils stood on the table, because for Gregor's father

천재 화학자 프리츠 하버Fritz Haber도 젤리그와 비슷한 인생을 살았다. 프러시아에서 유태인 부모 아래 태어난 하버는 그 누구보다 독일스러운 독일인으로 변신하고자 노력했다. 자신이 그렇게 사랑하고 또 사랑받고 싶었던 조국의 승리를 위해 제1차 세계대전 중에 독가스를 발명했고 덕분에 1918년 노벨 화학상까지 받는다. 하지만 그의 독가스는 100만 명이 넘는 희생자를 남긴다. 그리고 또 한 명의 희생자가 있었다. 하버와 마찬가지로 화학자였으나 비인류적인 독가스 개발에 반대한 하버의 아내 클라라. 그녀는 남편을 설득하지 못하자 자신의 가슴에 권총을 쏜다.

클라라가 자살한 바로 다음 날 또다시 독가스 실험을 위해 전쟁터로 나간 하버는 전쟁이 끝난 후 살충제 회사 데구사Degussa를 세운다. 데구사는 인류 역사상 가장 효율적이고 잔인한 살충제인 치클론—AZyklon A와 치클론—B를 개발한다. 그리고 불과 몇 년 후 자신만은 모범적인 독일인이라고 소리 지르며 제1차 세계대전 참전 메달을 내보이던 유태인들이 치클론—B 가스를 마시고 학살당하게 된다. 왜 하버는 유태인이지만 그렇게 독일인이 되기를 원했고, 왜 우디 앨런은 미국 시민이지만 자신을 디아스포라 유태인으로 표현한 것일까?

다시 한 번 정체성에 대해 생각해보자. 오늘날 한국사회를 짐작이라도 한 듯 정체성이 타인과의 권력 관계를 통해 성립된다고 주장한 헤겔과 달리, 니체Friedrich Nietzsche는 변하지 않는 객관적인 정체성의 존재 자체를 부인했다. 그는 '우리는 무엇인가?'라는 질문의 답이 사회적 믿음과 역사적 해석을 통해 만들어진다고 주장했다. 그렇다면 그 해석의 기준은 무엇일까? 문화적, 역사

적, 종교적 기준들이라고 니체는 말한다. 그런가하면 하이데거Martin Heidegger는 죽음을 통해서만 인생의 의미와 정체성을 파악할 수 있다고 이야기했다. 우리는 살아가면서 인생이라는 퍼즐의 의미에 대해 수많은 가설과 희망을 세우지만, 죽음을 눈앞에 둔 바로 그 순간에서야 무한한 가설과 가능성들이 단 하나의 실재로 변한다는 것이다.

헤겔, 니체, 하이데거는 모두 독일 철학자이다. 우연일 수도 있겠지만, 정체성에 대한 독일인들의 뿌리 깊은 집착의 일면이 엿보이는 듯하다. 독일은 멋진 자동차와 최강 축구팀 덕분에 가장 빠르고 앞서가는 나라의 이미지를 가지고 있다. 하지만 역사적으로 독일은 유럽에서 가장 후진적 사회 중 하나였다. 영국이 산업혁명을 시작하고 수상이 국회의사당에서 야당의 공격을 받을 때 독일은 여전히 수백 개의 작은 왕국들로 쪼개져 있었다. 'Made In Germany'라는 의무적 표시가 싸구려 독일 수입품들을 구별하려는 영국 정부의 규정 아래 만들어질 정도였다.

독일의 지식인들은 프랑스 혁명을 지지했고, 독일 왕국을 하나씩 무너뜨린 나폴레옹을 해방자로 환영했다. 하지만 프랑스 혁명이 주장한 자유와 평등과 우애의 외침이 프랑스인의 그것만 의미한다는 사실을 깨닫게 된 독일 지식인들은 깊은 상실감에 빠진다. 그동안 남의 음악에, 남을 위한 음식이 나오는, 남의 파티에서 춤추고 있었다는 허탈감. 그렇다면 '독일'이란 도대체 무엇일까? 수백 개의 조그만 왕국들에 흩어져 사는 '독일인'의 공통적인 정체성은 존재할까?

결론은 하나였다. 역사와, 언어, 그리고 공통된 스토리들이 한 민족의 정체성을 좌우한다는 것이다. 그렇기에 그림 형제는 독일 전역을 돌아다니며 〈백설공주〉, 〈신데렐라〉, 〈헨젤과 그레텔〉 같은 이야기들을 모았고, 현재까지 총 60권으로 정리된 표준 독일어 사전을 처음으로 출간해 수백 개의 언어로 구성된 독일어의 표준화를 시도하기도 했다. 그런가 하면 몸젠Theodor Mommsen 같은 역사학자들은 고대 로마인 타키투스의 저서 『게르마니아』를 통해 2,000년 동안 변치 않은 독일인의 정체성을 설명했다.

나라와 민족의 정체성이 언어와 역사와 스토리로 정해진다면, 결국 한 민족의 정체성은 언제든지 재해석되고 재활용될 수 있을 것이다. 변하지 않는 나만의 정체성이 존재할 수 없는 것처럼 시대의 해석과 조작으로부터 자유롭고 객관적인 '민족의 혼'이나 '민족의 정체성'이란 환상일 뿐이다. 그렇기에 '우리는 누구인가?'보다 '우리는 누가 되고 싶은가?'라는 질문이 더 중요하다는 말이다. 과거가 현재를 만들고 현재가 미래를 만드는 것이 아니라, 현재는 현재일 뿐이고 미래는 현재의 우리가 상상하는 것이다. 따라서 현재의 우리는 원하는 미래를 그리고, 그 미래를 정당화할 과거를 만들어내야 한다. '항상 그랬기 때문'이라는 변치 않는 정체성이야말로 인간에게 가장 설득력 있게 들릴 테니 말이다.

'항상 그랬던' 과거는 '영원히 그럴' 미래를 의미한다. 하지만 보르헤스가 이야기한 대로 '영원히'란 인간에게 금지된 단어이다.[19] 우리는 독일인, 유태인, 한국인으로 태어나는 것이 아니다. 인류의 근원은 어차피 동아프리카의 호모 에렉투스에 있다. 호모 에렉투스는 190만 년 전 그 땅을 떠나기 시작했고 네안데르탈인으로 진화했다. 아프리카에 남은 호모 에렉투스는 현재 우리의 조상인 호모 사피엔스로 진화했다. 동아프리카의 호모 사피엔스들은 불과 6만~7만 년 전 또다시 동아프리카를 떠나기 시작했고, 큰 뇌와 발달된 인지 능력으로 무장한 '최첨단' 사피엔스들은 4만 년 전부터 그저 '저것들'인 네안데르탈인들을 멸종시키기 시작했다. 큰 뇌를 유지하기 위해 많은 단백질이 필요했던 사피엔스들은 네안데르탈인들을 먹잇감으로 사냥하기도 했다. 인류 역사의 교집합은 그보다 더 먼 과거로 거슬러 올라가 찾을 수도 있다. 137억 년 전 빅뱅을 통해 만들어진 우주에서 탄생한 우리는 모두 다 같은 고향을 가지고 있는 셈이다. 그렇다면 '우리는 무엇인가?'라는 질문에 대한 가장 논리적인 정답은 이미 정해져 있다고 할 수 있겠다.

칼 세이건Carl Sagan이 말했듯 "우리는 찬란한 별들의 후손"이라고. 정답을 알고 있는 우리는 이제 정해진 답이 가장 설득력 있게 들릴 인류의 미래에 대한 질문을 찾아야 할 것이다.

소유란 무엇인가

G QUESTION

세상에서 가장 오래된 성문법으로 알려진 고대 바빌로니아 함무라비 법전. 함무라비 법전이 만들어지기 이미 500년 전인, 기원전 2400년 메소포타미아 라가시Lagash 왕국의 우르카기나Urukagina 왕은 명령한다.

"아무리 농가에 탐나는 당나귀가 태어났더라도, 현장 관리인은 '내가 주는 가격에 그 당나귀를 팔아!'라고 말해선 안 된다. 만약 농부가 팔지 않겠다 하더라도, 관리인은 농부를 때려선 안 된다. 아무리 귀족이 농부의 집을 갖고 싶다 해도, '내가 주는 가격에 그 집을 팔아!'라고 해선 안 된다. 만약 농부가 집을 팔지 않겠다 하더라도, 귀족은 농부를 때려선 안 된다."

신분이나 능력과 상관없이 모두의 '재산권'을 존중해야 한다는 우르카기나의 명령. 그렇다면 개인은 무엇을 소유할 수 있을까? 내가 키운 당나귀? 내가 짓지는 않았지만, 내 돈을 투자해 지은 집? 노예의 몸? 내 몸? 공기? 시간? 은하수?

먼저 그 누구도 '우주'라는 존재는 소유할 수 없다고 가설하자. 무엇을 소유하기 위해서는 소유하는 사람과 소유되는 대상, 둘 모두 우주로부터 독립적인 존재성을 가져야 한다. 물론 힌두 베단타학파처럼 "소유는 내가 우주로부터 독립된 존재란 착각에서 오는 착시"라고 주장할 수도 있겠지만, 대다수 사람들에게 소유는 너무나 자연스러운 현상이다. 계몽주의 철학자 존 로크John Locke는 개인 소유는 독립성과 더불어 '노력'과 '부족함'이 있어야만 가능하다고 봤다. 모자라지 않는 것에 대한 재산권이란 무의미하며 노력 없이 얻은

것은 소유할 수 없다는 말이다. 만약 우주에 무한의 당나귀들이 존재한다면 우르카기나의 법이 필요 없을 것이다. 노력 없이 얻은 것은 소유할 수 없기 때문이다.

문제는 '노력'이라는 개념의 정의에서부터 시작된다. 우르카기나의 법이 세워지기 전인 먼 옛날, 사냥과 채집을 통해 살아가던 고대 인류를 한번 상상해보자. 투자를 능가하는 이윤을 남겨야 하는 것이 사업의 기본이듯, 모든 사냥의 핵심은 투자된 에너지보다 더 많은 에너지를 얻어내야 한다는 점이다. 그러나 사냥은 언제나 확률 게임에 불과하다. 대부분의 포식동물들이나 아마존 원주민들의 경험을 바탕으로 보면, 매일 사냥을 나간다 해도 평균 3~5일에 한 번 성공할 뿐이다.

그렇다면 두 가지 차별화된 전략이 가능하겠다. 표범 같은 고양잇과의 동물들은 혼자 사냥하는 것을 선호한다. 어렵지만 성공하면 사냥의 산물인 '단백질' 전체를 독차지할 수 있기 때문이다. 반대로 인간을 포함한 많은 포유류와 육식동물들은 그룹으로 사냥한다. 사자 한 마리보다 10마리가 함께 사냥하면 성공 확률이 훨씬 높기 때문이다. 물론 사냥에 참가한 10마리 모두가 동시에 성공할 확률은 거의 없다.

사냥한 먹이는 어떻게 분배해야 할까? 어떠한 윤리, 도덕, 법적인 근거를 바탕으로 '노력한' 구성원들과 나눠야 할까? 물론 자연은 법에도, 도덕에도, 윤리에도 그다지 관심이 없다. 윤리와 도덕은 현실과 상황에 맞춰 정착된 '진화적으로 안정된 전략Evolutionary Stable Strategy, ESS'을 사후에 우아한 문장으로 정당화하는 언어일 뿐이다. 최적의 분배 전략은 참여 구성원의 수와 생산의 효율성에 따라 달라진다.

소수의 구성원을 가지고도 충분한 먹이를 구할 수 있는 상황을 생각해보자. 사자, 늑대 무리들과 같이 초기 인류의 분배 역시 강한 자의 법을 따랐을 것이다. 가장 힘센 두목이 대부분의 음식과 여자를 차지하고, 나머지 구성원들은 두목이 남긴 찌꺼기를 먹는 세상. 일본에서 여전히 아버지·아들·딸이 사용한 물에서 엄마가 목욕하는, 뭐 그런 원리 말이다. 이런 '자연 상태'의 삶을 "외롭고 불쌍하며 불쾌하고 짐승 같으며 짧다"라고 본 16세기의 토머스 홉스Thomas Hobbes는 그렇기에 페니키아 전설에 나오는 '레비아탄Leviathan'이라는 무시무시한 바다괴물같이, 절대 권력을 가진 국가 원수가 개인의 재산과 권리를 지켜줘야 한다고 주장한다. 자신이 소비하고 남은 찌꺼기를 조금 더 정의롭게 분배하는 '자비로운 독재자'가 필요하다는 말이다.

그렇다면 자연 상태의 인간은 언제나 다른 인간에게 잔인한 늑대Homo homini lupus였을까? 물론 아니다. 수십 명의 구성원을 통해 얻을 수 있는 먹이는 한정돼 있다. '하루 벌어 하루 먹는' 식의 삶. 사냥에 성공해 '배 터지게' 먹는 날도 있고, 실패해 쫄쫄 굶는 날도 있다. 그렇다면 답은 하나뿐이다. 오늘 배 터지게 먹어도 내일을 위해 남길 수 있을 만큼의 잉여를 생산해야 한다. 그렇게 하려면 더 큰 동물(매머드를 잡는다면 얼마나 좋을까!)과 더 많은 동물들을(매머드 10마리를 잡는다면 얼마나 좋을까!) 잡으면 되겠다. 더 크고 더 많은 동물들을 사냥하기 위해서는 10~20명이 아닌 50~200명의 협력이 필요하다! 그런데 어떻게 50~200명의 힘을 모을 수 있단 말인가? 그 위험한 매머드 사냥을 같이 하자고, 어떻게 그 많은 사람들을 설득할 수 있을까?

Non est potestas Super Terram quæ Comparetur ei Iob. 41. 24.

LEVIATHAN

Or

THE MATTER, FORME and POWER of A COMMON-WEALTH ECCLESIASTICALL and CIVIL.

By THOMAS HOBBES of MALMESBVRY.

London
Printed for Andrew Crooke
1651

오늘날 지구를 지배하고 있는 호모 사피엔스와 멸종한 네안데르탈인들의 차이는 무엇이었을까? 이스라엘 히브리대학의 역사학자 하라리Yuval Harari 교수는 베스트셀러인『동물에서 신으로: 사피엔스의 짧은 역사Sapiens: A Brief History of Humankind』에서 "픽션fiction을 만들어내는 능력"이라고 주장한다. 비슷한 크기의 뇌를 가졌지만, 사피엔스들만 이야기와 전설과 신화와 윤리를 꾸며내기 시작했기에 100명, 1,000명, 1만 명을 모아 마을, 도시, 국가를 만들어낼 수 있었다는 이론이다. 매머드 그림을 오늘 동굴에 그리면, 내일 잡힐 거라고, 사냥에서 아무도 죽지 않고 돌아올 거라고. 만약 죽는다 하더라도 더 좋은 어디선가에서 계속 살 수 있을 거라고. 정의와 평등은 가능하다고. 우리만이 선택된 민족이라고. 삶에는 의미가 있다고….

10명의 사냥과 100명의 사냥. 무슨 차이일까? 10명 중 가장 힘센 두목이 나머지 9명 정도는 위협하고 제어할 수도 있겠다. 두목 자신이 가장 좋은 부위를 먹고, 남은 것을 두 번째 힘센 녀석에게 주면 된다. 비슷하게 2인자는 8명, 3인자는 7명만 통제하면 굶지 않아도 된다. 하지만 제 아무리 힘이 세더라도 99명을 동시에 제어할 수는 없다. 동시에 100명 모두가 필요한 매머드 사냥. 예전 같은 '위에서 아래로' 방식의 분배는 더 이상 불가능하기에, 홉스의 추측과는 달리 '자연 상태'의 인류 역시 특정 상황에서는 협력과 평등을 기반으로 한 공동체를 만들었을 것이다.

하지만 사냥과 수렵·채집을 버리고 가축과 농업을 시작한 순간, 인류의 짧은 '평등'은 끝나고 만다. 이제 천문학적인 생산이 가능해졌기 때문이다. 더이상 100명 모두 일하지 않아도 100명의 하루치 식량뿐 아니라 내일, 다음

주, 내년에 먹을 것까지도 생산할 수 있게 됐다. 그렇다면 직접 생산에 참여하지 않는 나머지 사람들은 무엇을 할까? 군인은 나라를 지키고, 성직자는 신에게 기도하며, 과학자는 연구하고, 귀족과 왕은 농부에게 땅과 도구를 빌려준다. 덕분에 문명과 문화가 가능해졌지만, 이것은 동시에 지금까지 유지되고 있는 불평등의 시작이기도 하다.

하지만 완벽히 평등한 사회만이 행복한 사회일까? 플라톤이 구상한 이상적 사회에서는 모두가 공동 생활을 하며, 공동으로 생산하고, 생산의 결과물을 평등하게 분배한다. 아나키스트 이론가 프루동은 노동을 통해 개인이 직접 생산한 것 외의 모든 소유는 노동력을 투자한 다른 누군가의 것을 도둑질하는 셈이라고 주장한 바 있다("모든 개인 소유는 도둑질이다"). 아나키스트 혁명가 바쿠닌Mikhail Bakunin은 플라톤 식의 공동 소유 사회를 꿈꾸었고, 마르크스는 생산에 필요한 자산과 자원은 개인이 소유할 수 없다고 했다. 하지만 아리스토텔레스가 이미 2,400년 전 지적하지 않았던가? 개개인의 것은 청소하고 키우고 아끼지만, 공동으로 소유한 것은 방치한다고. 그리고 능력과 선호가 다른 사람들의 차별된 노동력을 통해 만들어진 결과물을 투자한 시간과 기여와 상관없이 평등하게 분배하는 것은 정의롭지 않다고. 애덤 스미스 역시 아리스토텔레스와 비슷하게 이기적인 사람들이 모여 만들어진 사회 전체의 생산성을 최대화하기 위해서는 개인의 소유가 필수라고 생각했다. 개인 소유의 핵심은 생산성이라는 말이다. 더구나 프리드리히 하이에크, 로버트 노직 같은 자유론자들은 개인 소유는 생산성뿐만이 아니라 개인의 자유를 위해서도 필수조건이라고 주장한다.

소유와 생산성, 그리고 자유. 자유롭기 위해 우리는 꼭 무언가를 소유해야 할까? 아니면 반대로 불교나, 힌두 철학에서 주장하듯, 소유는 행복에 부담이 될 뿐일까? 소유의 핵심은 노력과 부족함이다. 하지만 제러미 리프킨Jeremy Rifkin이 주장한대로 인류는 어쩌면 이미 "제로 한계비용 사회Zero-marginal cost society"에 다가가고 있는지도 모른다. 과학과 기술의 발전 덕분에 사회의 모든 생산 인프라 그 자체가 거대한 인공지능 사물인터넷 시스템이 된다면, 생산의 한계비용marginal cost은 거의 "0" 수준으로 떨어진다는 말이다. 더 이상 추가 노력 없이도 추가 생산이 가능한 미래사회. 정보, 책, 스마트폰이 공기와 마찬가지로 '무료'라면? 개인 소유라는 단어의 의미는 무엇이 될까? '시장과 경제'의 미래는 무엇일까? 개인 소유가 무의미해진 사회는 더 이상 개인의 자유가 없는 사회일까?

가축은 인간의 포로인가

G QUESTION

"5미터 정도 너비의 미끄럼틀로 소들이 밀려 들어왔다. 끝없이 들어오는 동물들의 광경은 신기하기까지 했다. 곧 벌어질 자신들의 운명을 모르는, 죽음의 강 같은 그런 모습 말이다.(…) 다리가 부러지거나 배가 찢어진 소는 물론이고 이미 죽은 소도 섞여 있었다. 어떻게 죽었는지 아무도 알 수 없었다. (…) 병든 소도 마구 도살한다. 썩은 냄새를 없애려고 화학약품을 쓴다. (…) 쥐떼가 득실거리며 쥐약과 쥐똥이 널려 있다. 쥐도, 쥐약도, 쥐똥도 고깃덩어리에 쓸려 가공기계로 빨려 들어간다."

미국의 기자이자 소설가였던 업튼 싱클레어Upton Sinclair의 『정글』에 등장하는 도축공장 장면이다. 1906년 미국에서 출판된 『정글』은 충격 그 자체였다. 비인간적이고 비위생적인 조건 아래 일해야만 하는 이주 노동자들의 삶을 그린 싱클레어. 사회주의자였던 그는 소설을 통해 자본의 무자비한 횡포와 노동자 탄압을 폭로하려 했다. 하지만 책이 가져온 결과는 뜻밖이었다. 영국 보수당 정치인이자 훗날 총리가 된 윈스턴 처칠은 서평을 써 극찬했고, 당시 미국 대통령 시어도어 루스벨트는 싱클레어를 백악관으로 초대하기까지 했다.

책이 출판된 지 4개월 만에 식품의약품위생법과 육류검역법이 제정됐고, 이때 우리에게도 널리 알려진 식품의약국FDA이 설립됐다. 하지만 막상 싱클레어는 절망한다. 대중의 머리를 자극하고 싶었는데, 대중의 비위만 건드리고 말았다고. 자신이 원한 것은 노동자의 삶을 개선하는 것이었는데, 결국 스테이크의 품질만 높이게 됐다고. 노동자의 삶, 스테이크의 품질, 사회주의 혁명, 보수당 정치인. 다 좋다. 그런데 막상 쥐똥과 함께 가공기계로 빨려 들어간 주인공들은 소이다. 우리는 소가 쥐똥과 함께 가공된다면 분노하겠지만, 아름다운 음악을 들으며 깔끔한 미끄럼틀을 통해 비명도 아픔도 없이 최고급 고기로 재탄생하면 우리는 열광할 것이다. 이제는 우리 인간만의 눈이 아닌, '그들'의 입장에도 한 번쯤 서볼 때가 되지 않았을까?

성은 '보스', 이름은 '타우'. 보스 타우루스Bos Taurus. 황소·젖소·송아지·불고기·등심·안심의 본명이다. 그들은 언제부터 햄버거 빵 사이의 패티로 변신한 것일까? 현재 지구에 살고 있는 13억 마리 소 대부분은 1만 년 전 터키 동남쪽 지역에서 길들여진 소의 후손이라고 한다. 소 유전자의 다양성을 고려하면 처음 길들여진 소는 많아야 80마리 정도였다고 추측할 수 있다. 오늘날 '이슬람국가IS'라 불리는 원리주의 이슬람 테러단들이 인질의 목을 잘라 처형하는 바로 그곳에서 인류의 조상들은 길들여진 소의 목을 자르기 시작했다.

소의 가축화는 생각보다 쉽지 않았다. '오록스Aurochs'라 불리는 소의 조상. 그들은 거칠고 강했다. 3미터 길이에 180센티미터의 신장. 그들은 석기시대 동굴 벽화에 단골로 등장할 정도로 인간의 로망, 꿈, 그리고 두려움의 대상이었다. 정확히 누가, 어떻게 사나운 오록스들의 목에 쟁기를 채우고 젖을 짜고 가죽을 벗겨 옷을 만들기 시작했는지는 알 수 없다. 하지만 고고학적 근거를 기반으로 신석기시대 첫 농부들의 업적이라고 가설해볼 수 있다. 가축화된 소는 '대박'이었다. 수백 킬로그램의 고기뿐이 아니었다. 맨손으로 밭을 갈고 씨를 뿌리며 물을 길러야 했던 농부에게 트럭과 트랙터를 능가하는 소의 힘은 하늘에서 내린 선물 같았다. 거기다 매일 수십 킬로그램씩 만들어지는 거름. 처음엔 우연한 발견이었을 것이다. 소의 배설물이 고여 있는 땅에서 더 많고, 더 큰 곡식이 자란다는 사실 말이다. 그리고 또 하나의 '위대한' 발견. 송아지들이 마시는 어미 소의 젖을 인간도 소화해낼 수 있다는 사실. 모든 인간이 처음부터 우유를 마실 수 있었던 것은 아니다. 선천성 유당불내증Lactose intolerance. 우유의 탄수화물인 유당乳糖을 소화시키기 위한 필수 효소enzyme인 락타아제Lactase의 생산이 인간의 몸에서는 젖을 떼는 순간부터 줄어들기 시작한다. 하지만 약 1만 년 전부터 락타아제 생산을 계속 유지할 수 있는 인간이 늘어난다. 소와 생활하고, 소의 젖을 먹기 시작한 인류에게 유전적 변화가 생긴 것이다.

맛있고 영양가 있는 소의 젖. 하지만 젖소는 출산 직후에만 우유를 만들어낸다. 도살장으로 끌려가는 그날까지 젖소는 끝없이 임신해야만 한다. 여기서 문제가 하나 생긴다. 엄마의 젖을 먹으려는 송아지들의 존재. 송아지가 있어야 어미는 우유를 만들지만 송아지가 다 마시면 인간은 마실 수 없다. 창조적인 방법이 필요했다. 유럽의 중세 목동들은 갓 태어난 송아지를 죽여 고기는 먹고, 껍질에 지푸라기를 채워 다시 송아지 모양을 만든 후 어미 근처에 세워놓고는 했다. '살아 있는' 자식을 위해 어미 소가 계속해서 우유를 만들도록 하기 위해서였다. 아프리카 수단Sudan에 거주하는 누어Nuer족은 지푸라기 송아지에 송아지 소변까지 뿌려 어미를 안심시키기도 한다.

태어나 평균 여섯 달 정도만 세상에서 살 수 있는 13억 마리의 소. 초원을 뛰어다니던 오록스의 후손들. 하지만 가축화돼버린 그들의 유전자 어딘가에 여전히 남아 있을 본능은 차가운 바람을 얼굴로 느끼며 달리고, 친구들과 놀고, 암컷과 사랑하고, 무리의 두목이 되고 싶어 한다. 하지만 대부분의 소들은 태어난 직후 어미에게서 떨어져 겨우 자신의 몸 크기만 한 우리 안에서 산다. 앞으로도, 뒤로도, 왼쪽으로도, 오른쪽으로도 움직일 수 없는.

그리고 드디어 발을 쭉 펴고 평생 처음 당당하게 걸을 수 있게 되는 바로 그 날, 소는 죽음의 강물을 타고 이유도 모른 채 도살장의 미끄럼틀을 타게 될 것이다. 살과 지방은 소시지와 비누가 되고, 가죽은 소파나 구두로 재탄생된다. 그리고 가끔은 갓 태어난 송아지의 잘 가공된 가죽이 최고급 양피지로 변신하기도 한다. 사나운 오록스 후손의 매끄러운 가죽에 겁 많고 나약한 영장류의 후손은 펜과 잉크로 이렇게 쓸 것이다. 행복은 절대적이며 누구나 행복할 권리를 가졌다고. 자유·생명·행복권을 빼앗아서는 안 된다고….

'Gallus gallus domesticus'라는 거창한 이름을 가진 평범한 닭. 그들의 사연 역시 소와 크게 다르지 않다. '들닭'이라 불리는 꿩과Phasianidae 소속 동물들이 길들여져 만들어진 오늘의 닭. 약 8,000년 전 동남아시아에서 가축으로 키워지기 시작한 그들의 수는 압도적이다. 현재 지구에는 약 200억 마리의 닭이 살고 있다. 물론 인간이 준비한 좁은 철장 안에서 인간을 위해 알을 낳고, 인간이 사랑하는 치킨으로 변신하기 위해서이다.

그들의 먼 조상이 누구였던가! 2003년 미국 몬태나 주에서 발견된 티라노사우루스 공룡의 거대한 다리 뼈. 그 공룡의 다리 뼈에서 소량의 콜라겐 섬유를 얻어낸다. 섬유에서 추출한 DNA 조각들을 통해 밝혀진 티라노사우루스

단백질의 구조는 놀랍게도 어제 저녁 시원한 맥주와 함께 시켜 먹은 치킨의 단백질과 가장 유사했다. 양념치킨, 백숙, 깐풍기, 닭갈비. 이들이 공룡 티라노사우루스의 살아 있는, 가장 가까운 친척들이라는 뜻이다.

10억 마리의 돼지, 10억 마리의 양, 13억 마리의 소, 그리고 200억 마리의 닭. 70억 명의 호모 사피엔스와 함께 살고 있는 가축들이다. 거기에 비해 4만 마리도 남지 못한 사자, 65만 마리의 코끼리, 1,000마리만 남은 판다, 그리고 단 한 마리도 남지 않은 오록스. 요컨대 가축이 되면 수가 더 늘어나고, 길들여지지 않으면 멸종한다. 그렇다면 이런 주장을 해볼 수 있겠다. 인간에게 길들여진 것은 가축에게 행운이었다고. 가축으로 진화한 덕분에 소와 돼지와 닭의 유전자들은 인간과 함께 세계를 정복할 수 있었다고.

하지만 태어나자마자 도살장으로 끌려가는 송아지, 쉴 틈 없이 임신해야 하는 젖소, 공장화된 양계장에서 키워지는 닭. 그들에게 자신들 유전자의 세계 정복이 무슨 의미가 있을까? 약 1만 년 전 수렵과 채집을 포기하기 시작한 인류. 농부가 된 영장류는 더 많은 식량을 만들어냈고 더 많은 아이를 가졌다. 아이들이 살아남기 위해 더욱더 많은 식량이 필요했다. 노동과 번식, 번식과 더 많은 노동이라는 악순환의 시작이었다. 그리고 길들여진 동물들 역시 인간과 함께 악순환의 길로 들어선다. 동의도, 이해도, 생각도 없이 말이다.

앞으로 50년, 100년 후 어쩌면 최첨단 유전공학과 식품공학 덕분에 알약 하나와 시험관에서 수확된 단백질 덩어리를 먹으며 살게 될 우리의 후손. 그들이 얼굴을 찡그리며 물어볼지 모르겠다. 어떻게 햄버거 하나 만들기 위해 느끼

고, 슬퍼하고, 엄마를 그리워하는 송아지를 죽일 수 있었느냐고. 오늘날 우리가 사람을 사람의 노예로 삼던 과거 인류의 '미개함'을 이해할 수 없듯 말이다.

『논리 철학 논고』에서 "문제를 이해했다는 사실이 얼마나 무의미한지"를 보여준다던 오스트리아의 철학자 비트겐슈타인의 말이 맞았던 것일까? 1만 년 전부터 인간의 포로로 살고 있는 가축들. 그들의 고통과 무의미한 삶을 잘 이해하고 있지만, 나는 여전히 오늘 저녁 먹을 맛있는 스테이크를 포기할 수 없으니 말이다.

만물의 법칙은 어디에서 오는가

우리는 왜 사랑을 해야 하는가

G QUESTION

서기 117년 로마제국의 14번째 황제 하드리아누스가 즉위한다. 로마는 당시 알려진 지중해 세계 전체를 지배하고 있었고 로마인들은 유럽과 아프리카 사이의 바다를 자연스레 'Mare Nostrum', 그러니까 '우리 해'라고 불렀다. 황제로서는 처음으로 그리스 철학자 풍 덥수룩한 수염을 기른 하드리아누스의 그리스 사랑은 대단했다. 황후 사비나와 합방하지 않았던 그가 어린 그리스 소년 안티누스와 연인 사이라는 소문이 파다했다.

아닌 게 아니라 하드리아누스는 아름다운 소년 안티누스를 이 세상 누구보다도 사랑했다. 시끄럽고 복잡한 로마를 피해 평생 제국 곳곳을 떠돌아다녔던 하드리아누스 곁에는 항상 그의 사랑 안티누스가 있었다. 요즘 같아서는 아동 성추행죄로 체포될 법한 일이지만. 그런데 안티누스가 돌연 이집트 나일 강에서 익사한다. 단순한 사고였을까? 아니면 황제의 사랑을 독차지하던 소년을 질투한 암살이었을까? 혹은 어린 나이에 밤마다 냄새 나는 늙은이와 잠을 자야 하는 치욕을 견디지 못한 자살일지도 모르겠다. 훗날 역사가들은 떠나간 안티누스를 그리워하던 황제가 마치 "여자같이 울었다"라고 기록했다.

황제는 원로원의 반대를 무릅쓰고 죽은 연인을 신격화했고 '안티노폴리스 Antinopolis'라는 도시를 세워 신으로 숭배하도록 했다. 그리운 연인의 얼굴을 하루라도 보지 않고는 살 수 없었던 늙은 황제 덕분에 오늘날 우리는 박물관에서 그리스·로마 문명의 그 어떤 인물보다 '시골 소년'의 얼굴을 자주 볼 수 있다. 사랑이 과연 무엇이기에 평범한 소년이 제우스와 아테네 옆에 당당히 신으로 서게 된 것일까?

아름답고 어린 엘로이즈Heloise의 가정교사였던 중세철학자 아벨라르Pierre Abélard(1079~1142) 역시 사랑이 무엇인지 질문했다. 로마제국 멸망 후 전개된 중세철학의 기본 틀 역시 "보이지는 않지만 완벽하다"라는 플라톤의 '이데아' 였다. 하지만 아리스토텔레스의 철학이 아비세나Avicenna, 아베로에스Averroës의 주해서를 통해 유럽에도 널리 알려지자 지식인들은 충격에 빠진다. 불확실 하지만 눈에 보이는 '현실' 역시 단순한 설득과 믿음이 아닌 '논리'라는 생각의 도구로 설명할 수 있다는 내용 때문이었다. 아벨라르는 생각했다. 인간의 욕 망과 행동은 어디서 오는 것일까? 만물을 창조한 신이 시시콜콜 우리의 모든 행동을 좌우할 리 없다. 그렇다. 인간에게는 '의도'라는 것이 있으며, '좋아하 는 것'과 '싫어하는 것'이 있다. 따라서 인간은 자유로운 존재이다.

엘로이즈는 별을 사랑했고, 아벨라르는 그런 엘로이즈를 사랑했다. 사랑 은 아이를 만들었고, 케케묵은 파리의 골목길보다 청정한 하늘을 더 사랑했 던 그들은 아이에게 별자리를 측정할 때 사용하는 기계를 본따 '아스트롤라 베Astrolabe'라고 이름을 지어줬다. 하지만 아벨라르를 가정교사로 채용한 엘로 이즈 삼촌의 눈에 임신한 조카와 교사의 관계가 발각되었고 삼촌은 극단적인 결정을 내린다. 조카를 수녀원으로 보내고 아벨라르를 납치해 거세시켜버린 것이다. '끝'이기를 기대한 삼촌의 바람과 달리 아벨라르와 엘로이즈의 진정 한 사랑은 그제야 진정 '시작'된다. 평생 서로를 다시 볼 수 없었던, 더 이상 자 유롭지도 않은 수녀와 수도사가 된 둘은 편지를 주고받는다. 그들의 편지에 는 자유로운 두 인간의 변치 않는 사랑이 깊이 묻어난다.

사랑이란 어쩌면 잘랄루딘 루미Jalāl ad-Dīn Muhammad Rūmī나 사디 시라지Abū-Muhammad Muslih al-Dīn bin Abdallāh Shīrāzī 같은 페르시아 시인들이 노래했듯 '우주 모든 것의 시작이자 끝'인지 모른다. 사랑은 이 세상에 의미 없이 던져진 우리가 유일하게 하늘과 신을 경험할 수 있는 잠깐의 순간 일 테니 말이다.

생물학적인 사랑은 지극히 단순하다. 무성생식으로 번식하는 단세포나 박테리아와 달리 대부분 동물의 번식은 유성생식으로 이루어진다. 정자와 난자로 분화된 배우자들의 생식세포가 융합해 새로운 생명체의 기반을 만든다. 그런데 왜 지구에 존재하는 생명체 사이에는 무성생식보다 유성생식이 압도적으로 많은 것일까? 섹스란 도대체 왜 존재할까? 유전적 다양함을 위해, 생존에 가장 유리한 유전자를 골라내기 위해, 또는 망가진 DNA를 수선하기 위해? 하지만 우리는 여전히 왜 그렇게도 많은 시간과 땀과 에너지를 투자해 번식해야 하는지 알지 못한다. 유성생식의 기원이 미스터리라면, 인간의 섹스는 그로테스크한 코미디에 가깝다.

사회생물학자들은 주장한다. 수억 개의 정자를 언제든지 쉽게 만들어내는 수컷과 수개월의 투자를 통해야만 번식할 수 있는 암컷의 생식 전략은 다를 수밖에 없다고. 그들의 주장에 따르면 젊은 여자들을 찾아 떠돌아다니는 수컷은 호색한 베를루스코니 이탈리아 총리뿐이 아니다. 암컷(많은 여성 포함)은 자신의 막대한 생물학적 투자를 보호해줄 남성의 돈이나 권력에 끌린다. 크고 살찐 벌레를 물고 와야만 짝짓기해주는 암컷 새처럼 여성이 생일에 명품 백을 기대하는 것은 당연하다.

그런데 번식 후 바로 새로운 파트너를 찾을 수도 있는 인간 수컷은 왜 남편

이 되어 가족을 지키고 자식을 위해 헌신하는 것일까? 집단의 새로운 우두머리가 된 사자는 이전 우두머리의 자식들을 모두 죽이고, 임신 중이던 암컷들은 유산을 유도하는 호르몬을 만들어낸다. 하지만 버림받은 인간의 암컷은 누구보다 강한 '어머니'가 되어 자식들을 보호한다. 섹스는 호모 사피엔스 사이 유성생식의 시작이지만, 우리들의 지속적인 번식은 사랑을 통해 가능해진다. 생물학적 욕망으로 시작된 관계는 도파민, 세로토닌 등을 뿜어내는 뇌 덕분에 상대에 대한 매력과 끌림으로 이어진다. 하지만 욕망과 끌림은 지속적이지 않다. 그때 옥시토신과 바소프레신이 서서히 생산되면서 단순한 끌림이 애착과 '정'으로 탈바꿈한다. 사랑이란 이렇게 나, 너, 그리고 우리의 유전자와 우리 뇌 호르몬 사이 치밀한 바통 넘기기가 이어지는 레이스 같은 것이다. 인간이 하는 그 무엇보다 사랑이 더 어렵고 복잡할 수밖에 없는 이유이다.

그렇다면 우리는 누구를 사랑해야 할까? 우주의 모든 지식은 이미 존재하는 '절대 지식의 재발견'이라고 생각한 플라톤에게는 절대적인 사랑의 대상 역시 이미 정해져 있었다. 그는 『향연』에서 소크라테스의 입을 빌려 이야기한다. '남자-남자', '여자-여자', '남자-여자' 같은 두 개의 머리와 네 개의 팔다리를 가졌던 우리의 조상들은 제우스에게 도전하다 두 동강이 났다. 제우스는 머리 하나와 두 개의 팔다리를 가진 반쪽 인간들을 시간과 공간에 흐트러뜨렸고, 그 후 인간은 잃어버린 또 하나의 '나'를 찾아 헤매게 되었다. 따라서 사랑은 언제나 재발견이다. "너를 사랑해"라고 말하는 우리는 사실 꿈에 그리는 '또 하나의 나'를 사랑한다고 말하는 것인지 모른다. 하지만 나를 완벽하게 이해하고 받아줄 수 있는 또 다른 '나'의 존재는 확률적으로 거의 불가능하다.

완벽한 또 하나의 '나'를 만날 수 없는 우리는 그래서 완벽할 수 없는 '너'를 사랑해야 한다. 그래서 쇼펜하우어는 인간의 사랑이 불행할 수밖에 없다고 한 것이다.

불행을 피하기 위해 '나'는 '나'만 사랑하고, '너'는 '너'만 사랑하는 것은 어떨까. 지속적으로 발전하는 과학기술 덕분에 늦어도 2050년에는 인간과 구별하기 어려울 정도로 정교한 로봇이 만들어질 전망이다. 인터넷이 야동과 포르노 덕분에 대중화된 것처럼 인간다운 로봇은 우리들의 욕망 만족에 제일 먼저 사용될 것이다. 스티븐 스필버그의 영화 〈A. I.〉에서 여성을 만족시켜주는 남창로봇 '지골로 조'가 이야기하지 않았던가? "로봇 애인을 경험하면 다시는 인간 남자친구를 만들고 싶은 생각이 없어질 거야"라고. 정확한 예언이다. 월요일에는 귀여운, 화요일에는 지적인, 수요일에는 아름다운 연인을 가질 수 있게 된다. 실망과 그리움은 없어지고 슬픔과 질투라는 단어는 무의미해진다. 대화를 하고 싶으면 끝없이 할 수 있고, 귀찮아지면 'OFF' 단추만 누르면 된다. 나의 행동은 그 누구에게도 상처 주지 않으며, 나 역시 그 누구의 행동에도 상처받을 필요가 없어진다.

인간의 역사는 달리 말하면 생산자와 소비자의 역사라 할 수 있다. 먼 옛날 우리는 언제나 생산자이며 소비자였다. 배가 고프면 사냥을 하고, 동물의 껍질을 벗기고 불을 피워야만 먹을 수 있었다. 시간이 지나고, 문명과 기술이 발전한 덕분에 우리는 생산하지 않고도 대부분의 욕망을 소비할 수 있게 되었다. 배가 고프면 냉장고를 열어 원하는 것을 고르기만 하면 된다.

바로 이것이 우리 다음 세대가 사랑하는 모습이 아닐까? 노력도, 그리움

도, 실망도, 질투도 없이, 잘 꾸며진 UI User Interface(사용자와 컴퓨터 간에 의사소통을 하는 중계화면)를 통해 오늘 밤의 연인을 고르기만 하면 된다.[20]

하지만 그리움도, 질투도, 실망도 없는 사랑을 여전히 사랑이라 부를 수 있을까? 지금 우리에게 '사랑은 왜 해야 할까'라는 질문에 대한 답은 분명하다. 그것은 우리가 진정한 사랑을 할 수 있는 마지막 '인간'이기 때문이다.

인간은 왜 외로움을 느끼는가

IG QUESTION

우주가 너무 크다는 것이 첫 번째 문제이다. 모든 상상력을 총동원해봐야 인간의 작은 뇌로는 도저히 이해할 수 없는 크기이다. 137억 년 전 빅뱅 이후 계속해서 팽창한 오늘날, 우리가 관찰할 수 있는 우주의 반경은 460억 광년 정도이다. 보이는 우주에는 2,000억 개가 넘는 은하계가 있으며, 인간은 그중 하나인 우리 은하에 살고 있다.

그리고 우리가 태양이라고 부르는 별. 후기 로마 황제들이 'Sol Invictus(무적의 태양)'라고 숭배하고, 고대 아스텍 인들이 '토나티우(태양신)'를 위해 흑요석 칼로 매년 2만 명의 심장을 도려내 바쳤던 대상. 하지만 태양은 무적이지도, 위대하지도, 피 뚝뚝 떨어지는 심장을 제물로 원하지도 않는다. 우리 은하의 3,000억 개 별들 중 하나일 뿐이다. 위치가 특별한 것도 아니다. '페르세우스 팔arm', '백조 팔', '방패-남십자 팔', 그리고 '궁수자리 팔'이라 불리는 우리 은하 주요 나선에 포함되지도 못한다. 태양은 우리 은하 변두리 페르세우스와 궁수자리 팔 사이, 작은 2차 나선 '오리온 팔'에 속해 있다.

태양, 지구, 한반도, 영원한 사랑을 약속하는 연인, 엄마 품 안에 안겨 한없이 행복한 아이, 임기 5년 만에 머리가 하얗게 센 오바마 대통령, 대학에 떨어져 자살하려는 학생, 결혼 피로연 손님들을 테러범으로 착오해 미사일을 발사하는 무인정찰기… 모두 다 시속 82만 8,000킬로미터의 속도로 우리 은하 중심을 돌고 있다. 바로 지금 이 순간에도 말이다.

우주는 크고 인간은 한없이 작다. 진화라는 우연 덕분에 인간은 지능을 가

PLUTO

NEPTUNE

URANUS

SATURN

JUPITER

MARS

EARTH

VENUS

MERCURY

지게 되었고, 지능이 생겨 '나'라는 존재를 알고 세상을 바라본다. 기억이라는 것이 있어 과거를 잊지 않을 수 있고, 아직 기억할 수 없는 미래를 예측하려고 애쓴다. 하지만 우리에게는 승리와 행복보다 좌절과 아픔과 실망의 기억이 더 선명하게 남아 있다. 과거는 너무도 확실하기에 실망과 아픔과 좌절의 존재는 움직이지 않는다. 미래는? 만약 미래가 과거의 확률적 연속이라면 우리를 기다리는 것은 더 많은 실망과 아픔일 것이다. 그래서 인간은 예감한다. 아무리 발버둥 쳐봐야 끝이 대체로 좋지 않을 것이라고. 죽은 자의 부활을 위해 무려 70일 동안 썩어가는 시체를 정성껏 미라로 보존했던 고대 이집트인들마저도 사실은 알고 있었다. "지금까지 그 누구도 죽음의 세계에서 돌아오지 않았다"라고(고대 이집트 편지 내용 중).

끝없이 거대한 우주 속 깨알만한 지구라는 돌덩어리에서, 이유 없이 던져져 살다 또 이유 없이 사라지는 우리들. 외로움이란 어쩌면 인간의 기본 조건 중 하나인지 모른다. 포르투갈 시인 페르난두 페소아(1888~1935)가 질문하지 않았던가.

철학? 나무들에게 무슨 철학이 있을까?

푸르고, 잎사귀에 가지 달고

계절마다 열매 맺으면, 우리는 그냥 생각 없이

받아들이지,

알아보지도 못하며

그런 나무의 철학보다 더 뛰어난 철학이 있을까?

왜 사는지 모르며

모르는 걸 모르며 사는

물론 인간은 나무로 살 수 없다. 스스로 나무라 여기고 '생각'이라는 단어가 무의미한 나무처럼 살기 원해도, 결국 우리는 나무라고 상상하고 나무처럼 살고 싶은 욕망을 품은 인간의 뇌를 가지고 있기 때문이다. 무게는 몸의 단 2%이지만, 뇌는 인간이 섭취한 에너지의 20%를 소비한다. 뇌에게 휴일은 없다. 한순간도 쉬지 않고 생각하고, 기억하고, 걱정해야 한다. 하지만 아무리 발달된 뇌를 가진들 혼자라면 무슨 소용 있을까?

인간 혼자는 나약하기 짝이 없다. 바위에 긁히기만 해도 피가 나고, 목을 살짝 뒤틀기만 해도 질식한다. 그다지 빠르지도 않다. 치타는 시속 100킬로미터, 말은 시속 88킬로미터, 그레이하운드는 시속 70킬로미터까지 속도 낼 수 있지만, 육상 단거리 세계 기록자인 우사인 볼트마저 시속 45킬로미터를 넘지 못한다. 집에서 키우는 고양이(시속 48킬로미터)보다도 느리다. 대부분의 동물들보다 더 약하고, 느리고, 겁 많은 인간이 지구를 정복할 수 있게 된 이유는 단 한 가지이다. 인간은 사회적 동물이기 때문이다.

태어난 우리에게는 부모가 있고, 부모와 가족을 형성하고, 가족은 친척들과 관계 맺는다. '이주'라는 단어가 아직 존재하지 않았던 원시시대 대부분의 인간들은 이렇게 유전적으로 연결된 넓은 혈연 집단에 살았다. 옥스퍼드대학 로빈 던바Robin Dunbar 교수의 연구에 따르면, 영장류의 뇌 크기와 집단의 크기는 보통 1:1의 연관성이 있다고 한다. 뇌가 크면 클수록 더욱더 많은 것을 보고 느끼고 기억할 수 있게 되어, 더 큰 집단 유지가 가능해진다. '던바의 수'라고 불리는 이 관계를 인간에게 적용하면, '자연적' 인간 집단의 크기는 약 150명이라고 추측할 수 있다.

집단이 크면 클수록 더 많은 이들의 도움을 받을 수 있다. 혼자는 나약한 존재이지만 '우리'라는 집단 안의 협동과 역할분담 덕분에 빠르고, 거칠고, 강한 동물들을 지배할 수 있다. 커진 뇌 덕분에 '나'라는 독립적 자아를 가지게 된 인간이지만 '우리'라는 집단 없이 존재하는 것은 여전히 위험하다. 기름이 바닥나는 위험한 상황에 빠지면 깜박이기 시작하는 자동차 계기판처럼, 홀로 남은 인간의 뇌 안에서는 '외로움'이라는 '빨간불'이 켜진다. 어서 집단으로 돌아가야 한다고, 홀로 남으면 야생동물의 밥이 될 수 있다고. '나'는 위험하고 '우리'는 안전하다고.

외로움은 신체적 변화도 불러온다. 외로운 인간은 심장질환의 원인인 인터루킨-6(IL-6) 수치가 높아지고, 면역력이 떨어지며, 혈압이 오른다. 뇌졸중 위험이 커지고 의지력이 약해지며, 유전자 전사DNA transcription가 방해된다. 피가 더 이상 흐르지 않는 동상 걸린 손가락이 떨어져나가듯, '우리'라는 집단 안의 교감과 소통에서 단절된 홀로 남은 인간은 어쩌면 조용히 사라져버리도록 프로그램 되어 있는지도 모른다. 따라서 집단이 개인에게 줄 수 있는 가장 큰 벌 중 하나는 더 이상 '우리'로 인정하지 않는 것이다.

물론 세상에 공짜는 없다. '우리'가 제공하는 안전을 얻기 위해 '나'를 희생할 수도 있어야 한다. 가족을 위해 가장으로 희생하고, 국가를 위해 목숨을 바쳐야 할 수도 있다. 내가 번 금쪽같은 돈을 사회를 위해 재분배해야 하거나, 동의하지 않는 법에 따라야 하는 경우도 있다.

그렇다면 지구에서 가장 외롭지 않은 자는 누구일까? '나'를 완벽하게 희생한, 아니 '나'라는 존재 그 자체가 무의미한 개미들은 절대 외로울 이유가 없다. '우리'가 모든 '나'들을 완벽하게 정복해버렸기 때문이다. 전체주의 국가는 외친다. '나'는 무의미하지만 '우리'는 영원하다고. 그래서 나치는 매년 수십만 명의 당원을 뉘른베르크에 모아놓고 게르만 민족의 우월함과 '천년제국' 숭배를 호령했고, 집단의 힘을 상징하는 '소비에트 궁전'의 거대함 앞에서 소련 공산당원들은 기죽어 고개를 푹 숙이고 걸어 다녔던 것이다. 그들은 '집단을 위한 희생'을 존재의 가장 큰 행복으로 느끼는 개미가 되어가고 있었다.

오늘 하루를 또 살아남기 위해 모두, 언제나, 어디서나 협동해야 하던 시대는 끝났다. 커진 뇌 덕분에 인간은 기술과 문명을 만들었고, 저장된 음식과 튼튼한 집은 집단에서 잠시 벗어나도 살아남을 수 있는 존재의 여유를 가능하게 했다. '나'라는 존재로 홀로 남아도 바로 소멸되지 않는 인간은 이제 자신만의 생각과 차별된 꿈을 가질 수 있게 되었다. '우리'에서 독립된 '나'는 시를 쓰고, 그림을 그리고, 기계를 만들고, 우주와 존재에 대해 생각한다. 하지만 홀로 남은 '나'의 뇌는 또다시 명령한다. 빨리 '우리'로 돌아가라고. '나' 혼자는 위험하다고.

파스칼Blaise Pascal은 『팡세』에서 질문했다. 인간이 가장 두려워하는 것이 무엇이냐고? 대답은, 혼자만의 지루함이었다. 버트런드 러셀Bertrand Russell은 게으

름이 선물하는 홀로 된 지루함을 찬양했지만, 인간은 대부분 혼자 되는 순간 참을 수 없는 존재의 가벼움을 느낀다. 지루함은 '나'라는 존재에 대해 생각하게 만들고, 생각은 종종 이 모든 것이 아무 의미 없다는 결론을 내리게 한다. 게임, 도박, 클럽, 스포츠, 막장 드라마. 오락의 역사는 지루함을 두려워하는 인간의 가망 없는 투쟁의 역사라고 봐도 무방할 것이다.

철학자 쇼펜하우어는 가장 이상적인 인생을 '홀로 함께' 사는 삶이라고 표현했다. '나'와 '우리'의 싸움은 이길 수도, 질 수도 없다. 그럴 필요도 없다. 나무로도, 개미로도 살 수 없는 인간이기에, 우리는 화가 호퍼Edward Hopper의 〈밤을 지새우는 사람들〉처럼 다 함께 홀로, 탈출할 수 없는 지구라는 우주선을 타고 은하를 돌고 있는 것이다.

IG QUESTION

4세기 신학자이자 철학자로 초대 교회의 교부 중 한 명인 아우구스티누스 Aurelius Augustinus Hipponensis. 시간의 위력을 그 누구보다 깊이 경험한 인물이다. 그가 태어날 당시 로마제국은 이미 400년 가까이 지중해의 모든 문명을 통치 했고, 로마의 평화Pax Romana는 영원할 것만 같았다. 하지만 아우구스티누스가 56세였던 410년, 서고트족이 로마를 점령하고 약탈하는 상상도 할 수 없는 일이 벌어졌다. 아우구스티누스는 깊은 혼란에 빠진다. 로마마저 영원하지 않다면, 이 세상에 변치 않는 것이란 과연 무엇일까? 왜 존재하는 것들은 시 간이 지나면 변해야만 할까? 시간이란 도대체 뭘까? 아우구스티누스는 한숨 쉬며 되뇐다. "아무도 물어보지 않으면 알 것 같다가도, 설명하려는 순간 모 르는 것이 시간"이라고.

우리는 시간이 궁금하면 시계나 휴대폰을 찾는다. 그런데 정말 시간이 단 순히 초침과 분침이 보여주는 숫자 바로 그것일까? 물론 그럴 리 없다. 이슬 람의 수학자 알−비루니Abū al−Rayḥān Muḥammad ibn Aḥmad al−Bīrūnī는 기원후 1000년 경 평균 태양일의 8만 6,400분의 1을 1초라고 정의했고, 그의 정의는 1960년 까지 사용되었다. 하지만 지구의 자전이 근본적으로 불규칙해 정확한 평균 태양일을 정의하기는 쉽지 않았다. 이후 20세기 후반부터는 더 규칙적인 원자 단위의 현상을 기본으로 삼게 된다. 오늘날 국제단위계의 합의에 따르면 1초 는 '절대 영도 온도에서 133Cs(천연 세슘−133) 원자의 전자파가 91억 9,200만 번 진동하는 데 걸리는 시간'이다. 시계가 보여주는 시간은 신호등의 '빨간불'

같은 인류의 합의에 불과한 것이다. 시간은 당연히 시계가 없던 100만 년 전에도 존재했을 것이고, 인류가 사라진 수억 년 후에도 계속 존재할 것이다.

그렇다면 시간의 본질은 무엇일까? 우선 시간의 핵심은 흐름이며, 우주의 역사는 시간을 통해 과거, 현재, 미래로 나누어진다고 가설해보자. 아이작 뉴턴은 그래서 시간을 공간과 더불어 자연의 절대 현상이라 생각했다. 시간이란 절대적이며 외부의 그 어떤 존재와도 상관없이 그것 자체로 과거에서 현재를 지나 미래로 흐른다는 것이다. 젊은 시절 뉴턴이 수학과 과학에 모든 에너지를 집중한 반면, 라이프니츠의 이력은 통섭 자체였다. 수학과 철학뿐 아니라 정치학, 법학, 역사학, 언어학에 대한 저술을 남긴 그는 유와 무, 그러니까 1과 0만으로도 계산이 가능한 이진법binary system을 만들기도 했다. 이미 미적분의 독자적인 발명을 가지고 논쟁을 벌인 바 있던 라이프니츠와 뉴턴은 뉴턴이 주장한 절대 시간을 두고도 부딪쳤다. '흐름'이 시간의 특성이라면, 도대체 무엇이 흐르는 것이냐고.

고대 그리스 철학자 헤라클레이토스는 "만물은 흐른다Panta Rhei"라고 주장했다. 모든 것은 지속적으로 변하고 변화가 생긴 이상 같은 강물에 두 번 다시 들어갈 수 없다는 이야기이다. 강이 흐르기 위해서는 당연히 물이 있어야 한다. 그럼 시간이 흐르기 위해서도 무언가 존재해야 할 것이다. 흐름이란 변화이고, 변할 수 있는 것은 '존재'해야 한다. 그렇다면 시간이란 뉴턴이 주장한 것처럼 존재로부터 독립적인 절대 현상이 아니라, 존재가 생성되는 순서를 통해 만들어지는 것이 아닐까? 아니, 생성된 존재와 세계의 상대적 관계 그 자체를 시간이라고 봐야 하지 않을까?

평생 여자와 사랑을 나눠본 적 없이 조용한 삶을 살았던 뉴턴에게 존재는 시간이라는 단단한 박스 안에 갇혀 있는 수동적인 것으로 보였다. 반면 외교관으로 눈부신 활약을 하며 전 유럽을 돌아다녔던 라이프니츠에게는 변화가 곧 삶이었다. 오늘의 명예와 부는 내일 사라질 것이고, 과거의 행복은 종종 현재의 불행을 더 아프게 만들었다. 그에게 추상적이고 절대적인 시간은 무의미했다.

라이프니츠가 중요하게 여긴 '변화'의 순서에 대해 생각해보자. 모든 변화의 시작은 지금 이 순간부터다. 지금 이 순간 내 휴대폰에 보이는 시간은 밤 10시 13분 45초, 아니 46초, 아니 47초이다. '지금'이란 잡힐 듯 말 듯 나를 피해 이미 과거가 되어버린다. 아무리 잡으려 해도 손가락 사이로 흘러 사라져버리는 모래알 같은 존재이다. 현재는 잡히지 않고, 과거는 더 이상 존재하지 않으며, 미래는 아직 존재하지 않는다. 그래서 기원전 5세기의 파르메니데스는 시간은 사실 존재하지 않으며 변화란 불가능하다고, "모든 존재는 하나 Hotos Estin"라고 이야기하지 않았을까?

그렇다면 우리가 느끼는 변화와 시간은 무엇인가? 대승불교Mahayana에서 산스크리트어 칼라Kala라고 부르는 시간과 변화를 참이 아닌 단순한 가설이라고 가르치듯, 파르메니데스 역시 변화는 착각이라고 말했다. 외부 세상의 변화를 착각이라고 생각할 수는 있다. 하지만 '변화와 시간은 존재하지 않는다'라는 생각을 하는 이 순간에도 우리는 이미 시간과 변화의 규칙 속에 있다. '변화'라는 생각이 '않는다'라는 생각보다 먼저 일어나기 때문이다. 그래서 칸트

는 인간이 시간이라는 생각의 프레임에서 빠져나갈 수 없으며, 시간은 공간과 더불어 모든 생각의 선험적a priori 기본 원리라고 주장했다. 시간의 본질이 무엇인지는 알 수 없지만, 순서를 정해주는 시간적 틀이 존재하지 않는다면 모든 현상들은 동시에 일어날 것이다. 시간은 동시同時를 막기 위한 도구인 것이다. 그렇다면 '동시'란 또 무엇일까?

아인슈타인은 19세기 말 반유대주의적인 독일을 벗어나 이탈리아로 이주한 부모와 함께 살게 된다. 따뜻한 지중해 햇살을 느끼며 시골길에서 자전거 타기를 즐기던 아인슈타인은 수많은 질문을 던진다. '뉴턴은 시간이 절대적이고 우주의 모든 곳에서 동일하다고 말했다. 운동이란 정해진 시간 안에 이동하는 공간이다. 시간이 절대적으로 정해져 있다면, 자전거를 빠르게 타고 가는 나는 남들보다 더 빠르게 움직일 수 있다. 그럼 내가 만약 빛이고 빛으로서 아름다운 이탈리아 시골길에서 자전거를 탄다면, 나의 속도는 빛의 속도+자전거의 속도가 되겠구나.'

하지만 아인슈타인은 '빛의 속도는 변하지 않는다'라는 19세기 수많은 실험들의 결과를 논리적으로 이해할 수 없었다. 그는 모든 것을 접어두고 처음부터 새로 질문해본다. 만약 시간이 절대적인 것이 아니라 빛의 속도가 절대적이라면 어떨까? 물리적 법칙은 모든 관성계에서 같아야 한다는 직관적 가설을 추가하면? 아인슈타인의 수식들은 혁명적인 결론으로 이어진다. 움직이는 물체는 천천히 이동하면 길어지고 무거워진다. 한 사람에게 일어난 사건은 다른 운동 상태에 있는 사람에게는 동시에 일어나지 않는다. 물질과 에너지는 서로 바뀔 수 있다. '그렇구나…. 라이프니츠의 추측이 맞았구나. 시간은 절대적이지도, 독립적이지도 않은 것이구나. 유레카!'

그렇게 아인슈타인은 시간의 이행을 허구라고 확신하게 되었다. 사건들은 시공간 전체에 걸쳐 전개되며, 우리로 하여금 그것들을 순차적으로 지각하게 하는 것은 인간의 한정된 본성일 뿐이라고. 그렇게 완성된 아인슈타인의 일반 상대성이론에서는 1차원의 시간과 3차원의 공간이 서로 독립적이지 않은 '시공간'이라는 4차원의 개념으로 설명된다. '동시'에 대한 단일하고 객관적인 정의를 배제한 것이다.

하지만 직감적으로 시간과 공간은 엄격히 다른 성격을 가지고 있다. 우리는 여러 공간에 동시에 있을 수 없지만 같은 공간을 여러 번 방문할 수는 있다. 공간은 이미 주어진 것이기에 앞뒤, 좌우, 아래위를 자유롭게 운동할 수 있다. 시간은 다르다. 1차원의 시간은 일반통행이다. 과거는 금지된 구역이고, 미래는 아직 만들어지지 않았다. 왜 그런 것일까? 뉴턴의 역학에서나 아인슈타인의 상대성이론에서는 시간과 공간이 선호하는 방향은 정해져 있지 않다. 왼쪽에서 오른쪽으로 움직일 때 동일한 물리학 법칙을 따르듯, 시간 역시 양방향으로 자유롭게 나갈 수 있어야 한다.

이처럼 시간은 존재하는 것들의 상대적 변화이지만 그 변화에는 이해할 수 없는 방향성이 존재한다. 어린 아이는 어른이 되고, 어른은 늙어 죽는다. 아인슈타인은 자전거에서 넘어질 수 있지만, 자전거가 스스로 일어서지는 않는다. 계란은 깨질 수 있지만, 저절로 붙지는 않는다. 마틴 에이미스 Martin Amis는 소설 『시간의 화살 Time's Arrow』에서 거꾸로 가는 시간을 그린다. 소설은 주인공

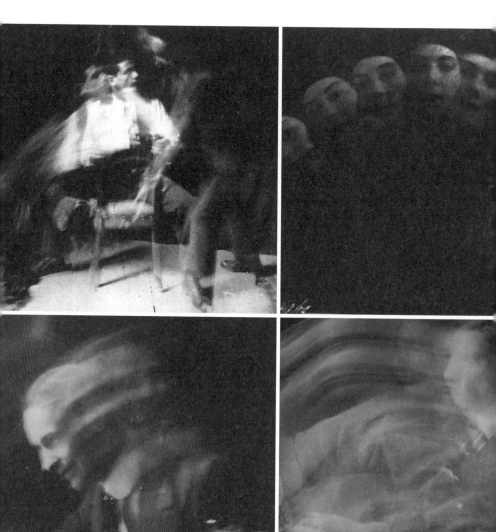

이 죽고 난 시점부터 시간을 거슬러 전개된다. 죽었던 그는 살아나고 생활하고 환자를 치료하고 점차 젊어진다. 먹던 음식을 토해내고, 반만 소화된 음식이 다시 접시에 맛있게 차려진다. 음식은 거꾸로 요리되고 버려진 봉지에 다시 포장되어 마트에 진열된다.[21] 우리가 살고 있는 우주에서는 왜 이런 모습을 볼 수 없는 것일까?

'엔트로피entropy' 때문이라는 것이 현대 과학의 추측이다. 열역학 제2법칙에 따르면 고립된 시스템에서는 엔트로피, 그러니까 무질서도度가 항상 증가하거나 일정해야지, 절대로 감소해서는 안 된다. 수많은 조각의 퍼즐을 생각해보자. 퍼즐조각들이 완벽하게 맞는 질서 있는 배열은 단 한 가지이다. 하지만 무질서적인 배열들은 천문학적으로 많다. 아인슈타인의 자전거는 천문학적으로 다양한 변화를 통해 넘어질 수 있지만 자전거가 자발적으로 다시 일어서는, 그러니까 엔트로피가 줄어드는 방향으로 변화할 확률은 0에 가깝다.

시간은 존재들 간의 상대적 관계이다. 하지만 무질서적 관계가 질서 있는 관계로 변하기보다 질서가 무질서로 변할 확률이 압도적으로 더 높다. 우리가 엔트로피 증가를 선험적인 시간 흐름의 방향으로 여기는 것은 바로 엔트로피가 증가하는 지구라는 통계물리학적 시스템에서 우리 뇌가 진화해왔기 때문이다.

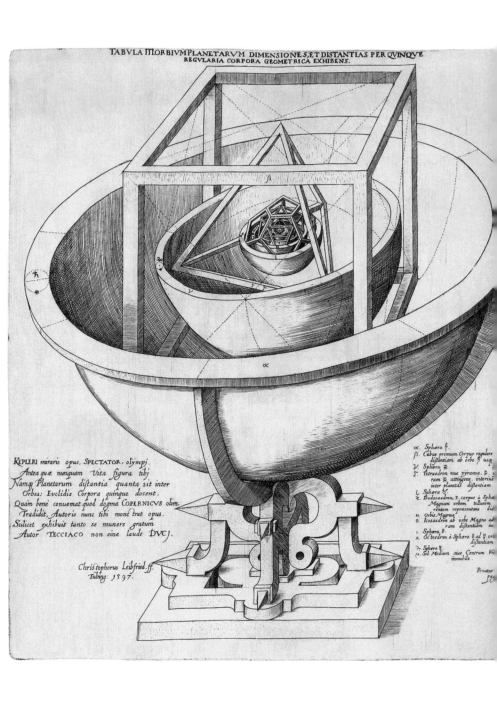

인간은 어떻게 세상을 이해할 수 있는가

IG QUESTION

"Hotos Estin!" 플라톤마저도 '어두운 철학자'라며 어려워했던 파르메니데스의 말이다. '존재는 하나다' 또는 '존재는 그냥 존재다'라는 이 말의 진정한 의미는 과연 무엇일까? 기원전 8세기부터 그리스인들이 정착하기 시작한 이탈리아 남부의 작은 도시 엘레아에서 태어난 파르메니데스는 생각했다. 존재하지 않는 것이란 존재할 수 있을까? 제우스 신, 불, 나비, 나, 그리고 나의 생각들. 우주에 존재하는 수많은 것들에는 하나의 공통점이 있다. 모두 존재한다는 것. 우리는 존재하지 않는 것을 본 적도, 경험한 적도, 상상할 수도 없다.

파르메니데스는 존재하지 않는 것은 존재할 수 없으며, 존재하지 않는 것이 없으므로 우주의 '변화' 역시 불가능하다고 생각했다. 그런데 존재와 변화가 무슨 상관이 있을까? 하나의 존재가 다른 존재로 변하기 위해서는 그들 사이에 다른 무언가를 거쳐야 한다. 만약 그 무언가가 역시 존재하는 것이라면 이 역시 '존재에서 존재가' 유지되는 것이지 '변한다'라고 보기 어렵다. 진정한 변화가 가능하기 위해서는 존재 사이에 존재하지 않는 무엇, 그러니까 '무'가 존재해야 한다. '무'가 존재하지 않는다면, 존재하는 것들은 변할 수도, 생산될 수도, 소멸될 수도 없다. 우주의 모든 존재는 영원하며 하나이며, 존재는 그냥 존재라는 파르메니데스의 말처럼.

여기서 존재하는 것이 하나라고 가설해보자. 하나와 여러 개의 차이는 무엇일까? 하나는 같은 것이고, 여러 개는 다른 것이다. 구별할 수 없는 것은 같은 것이고, 서로 다른 것들은 구별할 수 있다. 존재가 하나라면 그것은 서로 구별할 수 없는 것이고, 그렇다면 우주에 존재하는 모든 것들은 동일한 원리의 지배를 받아야 한다. 제우스 신만을 위한 법칙, 불을 위한 법칙, 나를 위한 법칙, 나의 생각만을 위한 법칙. 이렇게 다양하고 독립적인 법칙들이 존재해서는 안 된다는 말이다.

2,500년 전 고대 그리스인에게 남부 이탈리아는 문화의 변두리였다. 새로운 아이디어와 예술가들로 북적이던 아테네의 사치스러운 이오니아인들이 보기에 남부는 촌스러운 시골에 불과했다. 하지만 시골 바닷가에 앉아 매일 밤 별이 쏟아지는 하늘을 바라보던 파르메니데스는 우리에게 하나의 작은 희망을 던져주었다. 존재는 하나이기에 존재하는 모든 것들을 단 하나 만물의 법칙을 통해 이해할 수 있을 것이라고. 인간은 세상을 이해할 수 있을 것이라고.

하지만 눈을 뜨고 세상을 바라보는 순간 우리의 희망은 절망으로 바뀐다. 단 하나의 법칙으로 설명하기에 세상은 너무나도 다양해 보이기 때문이다. 어떻게 밤하늘의 별들과 바다에 던진 작은 돌이 같은 법칙으로 존재한다는 것인가? 하지만 세상을 우리의 눈만으로 이해할 수 있다는 것이 가당키나 할까? 눈에 보이는 것만이 세상의 전부가 아니라면? 헤라클레이토스의 말을 빌려보자. "자연은 숨는 것을 좋아한다 *Phusis kruptesthai philei.*" 자연은 마치 베일을 쓴 여신과 같다. 눈에 보이는 것은 만물의 겉모습에 불과하다. 자연의 베일을 벗기는 순간 인간은 자연을 이해할 수 있게 된다.

프랑스 파리 센 강변에는 오르세미술관이 있다. 기차역으로 쓰이던 건물을 미술관으로 변신시킨(파르메니데스가 그다지 좋아했을 것 같지 않은) 건물이다. 이 미술관 한곳에는 1899년 루이 에르네스트 바리아스가 완성한 〈과학을 통해 베일이 벗겨지는 자연의 여신〉이라는 작품이 전시되어 있다. 수줍은 자연은 영원히 숨으려 하지만, 과학이 그녀의 베일을 벗겨버린다는 내용이다. 작품을 보는 인간은 그 누구의 동의도 없이 벌거벗겨진 자연의 가슴과 음부를 관찰하고 손으로 쥐어짜고 냄새를 맡는다. 19세기 유럽인에게 과학은 자연과 공존하는 것이 아니었다. 자연을 폭행하고 지배하는 도구일 뿐이었다.

그런데 과학은 어떻게 자연의 베일을 벗길 수 있는 것일까? 관찰과 수학을 통해서이다. 바닷가에서 돌을 던진다고 상상해보자. 어떻게 던지면 가장 멀리 날아갈까? 책상에 앉아 멋진 이론을 만들고 상상만 한다고 풀릴 문제가 아니다. 프랜시스 베이컨(1561~1626)이 주장하듯 자연의 비밀을 알아내기 위해서는 먼저 반복된 관찰, 즉 '실험'을 해야 한다. 각도를 너무 낮게 잡으면 수직으로 빨리 날지만 금방 땅에 떨어진다. 거꾸로 높게 잡으면 공중에는 오래 머물겠지만, 멀리 날지는 못할 것이다. 하지만 '멀리', '오래' 같은 단어들은 주관적이다. 읽는 사람들마다 다른 의미를 떠올릴 수 있다.

관찰 결과를 숫자를 통해 표현한다면 어떨까? 수천 년 전 파르메니데스처럼 요하네스 케플러Johannes Kepler(1571~1630) 역시 밤하늘의 별을 보며 존재와 우주의 비밀에 대해 생각했다. 모든 존재를 엮어놓는 단 하나의 법칙. 그것이 무엇일까? 케플러는 우주 구조의 비밀을 숫자를 통해 알아내려 했다. 밤하늘 별의 움직임을 잘 관측한다면 존재의 비밀을 알아낼 수 있지 않을까? 그는 데이터가 필요했고 덴마크의 천문학자 티코 브라헤Tycho Brahe는 케플러가 그렇

게도 원하던 데이터를 가지고 있었다. 신성로마제국 황제 루돌프 2세의 후원 아래에서 연구한 브라헤는 당시 가장 많은 행성들의 관측기록을 가지고 있었다. 브라헤의 조수가 된 케플러는, 하지만 절망에 빠진다. 브라헤에게 관측기록은 수집품에 불과했다. 그는 수십 년 동안 자신의 인생을 공들여 모은 기록을 누구와도 공유하지 않으려 했다. 하지만 1601년 10월 24일, 힘 좀 쓴다는 귀족의 만찬에 참석한 브라헤는 과음하고 화장실에 가지 못하더니 결국 방광 파열로 숨져버린다. 우주 구조의 비밀 열쇠를 쥐고 있던 그가 소변을 보지 못해 죽은 것이다.

케플러는 브라헤의 관측기록을 기반으로 1627년 세상에서 가장 자세한 행성의 목록과 운행표를 완성한다. 후원자였던 황제의 이름을 딴 그 유명한 '루돌프 표Rudolphine Tables'이다. 표에 적혀 있는 수천, 수만 개의 숫자들. 우주 구조의 비밀이 이 어딘가 숨어 있을 것이 분명하다! 우주의 비밀이 숫자들 사이에 있다면, 그들 간의 관계를 알아보면 되지 않을까? 자연의 법칙은 숫자들을 서로 묶어주는 수학적 원리를 통해 알아낼 수 있지 않을까?

고대 그리스인들은 '불', '흙', '공기', 그리고 '물'을 존재의 4대 원소라고 생각했다. 만물의 모든 존재들이 이 4가지 원소로 만들어졌다는 것이다. 왜 하필이면 4개일까? 플라톤은 후기 작품 『티마이오스』에서 4가지 원소, 그리고 그 원소를 품은 우주 전체까지 총 5원소를 정다면체와 연관시켜 설명했다. 정다면체란 무엇인가? 정4각형, 정5각형, 정6각형 같은 정n각형을 결합하면 입체도형을 만들 수 있다. 그 많은 입체도형 중 단 한 가지 정다각형들로 둘러싸인 것은 몇 가지나 있을까? 오늘날 플라톤의 입체라 불리는 것은 정4면체(불),

정6면체(흙), 정8면체(공기), 정12면체(우주), 정20면체(물)이다.

케플러는 생각했다. 수성·금성·지구·화성·목성·토성, 당시 알려졌던 6개 행성들의 원형궤도를 플라톤의 정다면체로 설명할 수 있지 않을까? 하지만 루돌프 표에 적혀 있는 숫자들은 플라톤의 입체들로는 도저히 설명할 수 없었다. 지친 케플러는 마지막 시도를 한다. 만약 태양계 행성들이 완벽한 원형을 따르지 않는다면? 행성들이 원이 아닌 다른 궤도를 움직인다면? 케플러의 직감은 맞았고, 행성들이 타원궤도를 그리며 움직인다는 사실을 밝혀낸다(케플러의 제1 행성 운동 법칙). 그의 법칙은 뉴턴의 만유인력 법칙의 기반이 된다. 우주의 법칙을 수학으로 설명할 수 있게 된 것이다! 자연은 관찰할 수 있고, 측정된 자연은 숫자로 표현된다. 숫자들 사이에는 절대적 관계가 존재하며, 우리는 그 관계들을 통해 우주의 모든 존재들을 이해할 수 있다.

뉴턴, 아인슈타인, 양자역학, 초끈이론. 파르메니데스의 2,500년 전 꿈을 우리는 이렇게 관찰과 수학을 통해 실현하려 하고 있다. 그런데 왜 하필 수학일까? 수학이란 무엇일까? 한국어, 영어, C^{++}, 산스크리트어처럼 수학 역시 사람이 만들어낸 언어에 불과할까? 구소련의 수학자 콜모고로프Andrey Kolmogorov는 숫자를 인간 뇌의 창작물에 불과하다고 주장했고, 독일의 수학자 크로네커Leopold Kronecker는 1, 2, 3 같은 자연수들은 신이 만들었지만 나머지 모든 수학은 인간의 작품이라고 말했다. 하지만 두개골 안에 처박힌 '뇌'라는 1.4킬로그램짜리 고깃덩어리로 만들어진 수학으로 우리는 어떻게 우주의 기원과 양자들 간의 역학을 설명할 수 있는 것일까?

수학자 유진 위그너Eugene Wigner는 자연을 설명하는 '자연과학에서 수학의

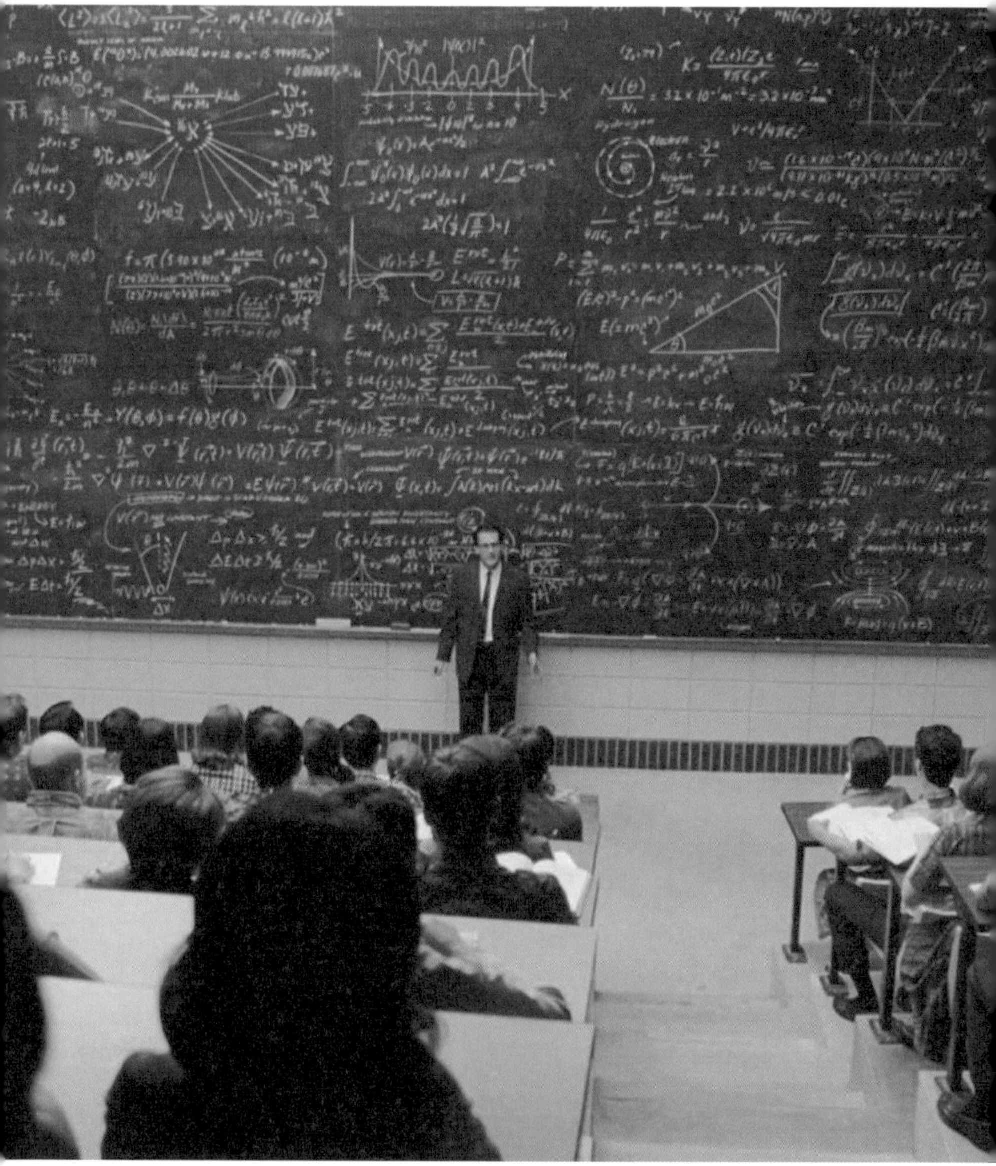

지나칠 정도의 효율성The unreasonable effectiveness of mathematics in the natural sciences'[22]에 놀라고는 했다. 손으로 던진 돌은 지구 중력의 영향 아래 포물선을 그리며 날아간다. 지구는 태양을 중심으로 타원형으로 움직인다. 두 물체가 서로 끌어당기는 힘은 질량의 곱에 비례하고 거리의 제곱에 반비례한다. 왜 인간은 우주의 법칙을 숫자들 간의 관계로 설명하는 것일까? 자연의 법칙을 수학이라는 만들어진 도구로 설명하는 것이 가능하기는 한 것일까? 아니면 플라톤이 주장한 대로 숫자들은 이미 이데아 세상에 존재하는 실체이며, 그들의 관계가 결국 우주의 법칙을 만들어내는 것일까?

그렇다면 한발 더 나아가 이런 주장도 해볼 수 있겠다. 우주 그 자체가 수학이라고. 수학적으로 가능한 모든 실체들이 물리학적으로 존재하며, 모든 존재들은 하나의 거대한 존재라는 함수를 계산해내는 컴퓨터의 부분이라고. 우리들의 '이해' 그 자체가 우주라고 불리는 컴퓨터 안에서 끊임없이 계산되고 있는 단 하나의 존재함수의 계산과정이라고 인정한다면 우리는 세상을 조금은 더 이해할 수 있게 될 것이다.

만물의 법칙은 어디에서 오는가

IG QUESTION

언제나 그렇듯 문제는 인플레이션이었다. 수요는 급증하는데 공급이 한정되어 있었다. 행복하고 건강하고 싶다는 희망의 수요 말이다. 그런데 참 이상하다. 조금만 편해도 까맣게 잊고 살다가 갑자기 모두 동시에 자비와 구원을 울부짖으니. 서로마가 멸망한 후 동로마 시민들은 애타게 기도한다. 우리만은 살려달라고, 내 귀여운 딸만은 안전하게 해달라고, 내 목만은 잘리고 싶지 않다고.

모두가 같은 신에게 기도한다면 신은 누구의 소원을 들어주어야 할까? 6세기 동로마에서 새로운 이론이 등장한다. 신과 인간은 직접 소통할 수 없다고. 서울에서 보낸 소포가 단번에 로마로 배달될 수 없듯 이데아 세상에 존재하는 하느님이 어떻게 벌레 같은 인간의 목소리를 바로 들을 수 있다는 말인가! 다행히 하느님의 아들 예수는 신인 동시에 인간이기도 하다. 그리고 신의 어머니 성모마리아가 계신다. '테오토코스Theotokos'(하느님을 낳은 자). 자비로운 성모마리아는 순교한 성자들의 부탁에 귀를 기울인다. 평범한 신자는 성자에게 부탁하고, 성자는 성모마리아에게, 성모마리아는 아들 예수에게, 그리고 예수는 아버지 하느님에게 부탁함으로써 우리의 소원은 성취될 수 있다.

그런데 성자들은 이미 다 죽지 않았던가? 어떻게 죽은 자에게 부탁한다는 말인가? 답은 간단하다. 그들의 남은 흔적에 기도하면 된다. 성 토마스의 손가락 뼈, 성 안토니의 혀, 성 야누아리우스의 메마른 피, 세례자 요한의 두개골. 하지만 아무리 잘게 쪼개고 나눈다고 해도 성자의 유골은 한정되어 있다.

한정된 물건을 모두가 원하면 가격은 하늘로 치솟고 위조품이 등장한다. 집과 땅을 팔아 구입한 성자의 새끼손가락 뼈가 사실 길바닥에서 죽은 노숙자의 뼈라면? 분노와 절망이 몰려올 것이다. 대책이 필요했다. 구원에 굶주린 신자를 만족시킬 수 있는, 무한한 복제가 가능한 무언가가 필요했다.

답은 단순했다. 완벽하게 복사만 한다면, 천 번 만 번 복제된 그리스도의 얼굴(성상, 이콘Icon)은 더 이상 단순한 그림이 아니라 하느님과 소통을 가능하게 하는 신의 '대리인'이 될 수 있을 것이다. 그런데 문제가 하나 생긴다. 성부, 성자, 성령. 예수는 동일한 본질hypostasis의 삼위일체를 가진 신이며 인간이다. 그렇다면 이콘의 정체는 과연 무엇인가? 그려진 예수가 '사람' 또는 '신'이라면, 이것은 예수 안에 분리된 인성과 신성이 공존한다는 네스토리우스Nestorianus의 이단적 믿음과 동일해진다. 거꾸로 이콘의 예수가 신인 동시에 인간이라면, 역시 이단인 단성론자Monophysist가 돼버린다. 빠져나갈 구멍이 없다. 이콘을 숭배하는 순간 우리는 속절없이 삼위일체를 부정하는, 지옥에서 영원히 불에 탈 이단자가 되는 것이다.

결국 기원후 730년 레오 3세 황제는 명령한다. 제국의 모든 이콘을 없애라고. 얼마 전까지 신으로 숭배하던 이콘들을 불태워버리라고. 이콘을 없애려는 세력과, 성스러운 이콘을 지키려는 세력 사이 수백 년 간의 싸움. '성상파괴운동iconoclasm'은 비잔틴제국을 멸망의 길로 인도하고, 그리스 정교회와 로마 가톨릭 교회를 마침내 분열시킨다.

플라톤은 두 가지 복제가 존재한다고 생각했다. 있는 그대로 복사하는 '아이코네스'eikones'와 사물을 왜곡하는 '시뮬라크룸simulacrum'. 플라톤은 이야기한다. 현실은 이데아 세상의 불완전한 복제품이라고. 이미 왜곡된 현실을 또다시 왜곡하는 시뮬라크룸은, 우리를 이데아 세상에서 더 멀어지게 한다는 것이 플라톤의 주장이다. 하지만 왜곡 없는 복제가 과연 가능할까? 빛이 눈에 들어오는 순간 세상은 인간의 뇌라는 프레임을 통해 해석되고 분석된다. 현실은 보는 것이 아니라 만들어지는 것이다. 보는 순간 매번 새로운 시뮬라크룸이 탄생된다는 말이다.

보드리야르Jean Baudrillard는 그렇기에 시뮬라크르(시뮬라크룸simulacrum의 프랑스어 표현)는 현실의 왜곡된 복제가 아닌 또 다른 새로운 현실을 만들어낸다고 이야기한다. 성상파괴주의자iconoclast들이야말로 이미지를 부정한 것이 아니라 이콘의 무서운 힘을 가장 제대로 평가했다는 것이다. 성상이 단순히 '신'이라는 이데아 존재의 왜곡된 복제라면 그리 두려울 이유가 없다. 이콘이라는 시뮬라크르가 진정으로 두려운 이유는 어쩌면 그 시뮬라크르 뒤에 아무 이데아도 존재하지 않을 수 있다는 생각 때문이다. 사실 신은 존재하지 않으며, 어쩌면 신 자체가 시뮬라크르일 수도 있다는 두려움에 그들은 떨었던 것이다. 플라톤식 사고방식에 처음 균열을 낸 발터 벤야민 역시 복제의 존재 자체가 원본의 개념을 위협하는 경향을 띤다고 지적했다.

신, 성상, 로마황제. 만약 우주 그 자체가 시뮬라크르라면? 우리가 존재하는 우주가 복제라면? 당연히 말도 안 되는 소리라고 할 것이다. 하지만 다시 한 번 생각해보자. 우리는 이미 많은 시뮬라크르를 만들고 있다. 마네킹, 인조 나무, 인간을 닮은 로봇, 도시 전체가 시뮬라크르인 라스베이거스, 오스트

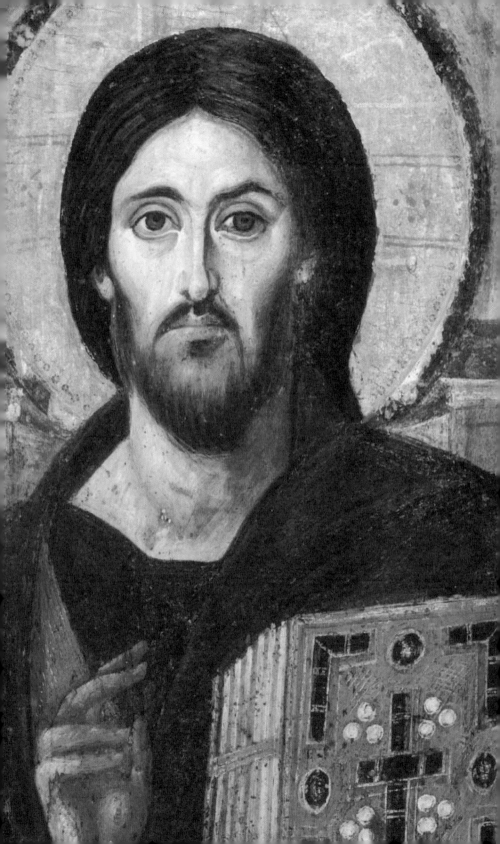

리아 '할슈타트Hallstatt'를 통째로 복제한 중국의 '할슈타트 마을'. 그리고 우리에게는 시뮬라크르를 만들기에 최적화된 '컴퓨터'라는 도구가 있다.

컴퓨터가 발명된 지 100년도 안 된 오늘날, 우리는 존재하지 않는 세상을 시뮬레이션을 통해 보여주고, 대도시를 시뮬레이션하며, 생명체들의 진화 과정을 재생한다. 그렇다면 1,000년, 1만 년 후 우리의 후손들은 어쩌면 우주 전체를 시뮬레이션할 수도 있지 않을까? 옥스퍼드대학의 보스트롬 교수는 주장한다. 언젠가 인류는 세상을 완벽히 시뮬레이션할 능력을 가지게 될 것이라고. 우리가 인류의 역사와 생명의 기원을 시뮬레이션을 통해 연구하듯, 우리의 먼 후손들도 자신의 과거를 시뮬레이션할 것이라고. 아니 어쩌면 지금 우리가 살고 있는 바로 이 세상이 우리 후손들의 시뮬레이션일지 모른다고. 이 글을 쓰고 있는 나, 그리고 이 글을 읽고 있는 당신, 모두 시뮬라크르라고.

원본은 단 하나이지만 복제는 무한이다. 거리를 산책하다 우연히 〈모나리자〉를 발견했다고 생각해보자. 복제일까 원본일까? 루브르박물관에 걸려 있을 단 하나의 원본을 내가 발견했을 확률은 0에 가깝다. 우주도 비슷하다. 원본 우주는 단 하나이지만, 시뮬레이션 우주는 무한이다. 우연히 우리가 살고 있는 이 우주가 원본이기보다 시뮬레이션일 확률이 압도적으로 더 높다는 말이다.

우주가 시뮬레이션이라면 존재의 대부분 문제들이 쉽게 해결된다. 1,000억 개의 별들로 구성된 1,000억 개의 은하들. 이 무한의 우주에 왜 우리만 존재하는가? 답: 현재 우주는 인류만 존재하는 시뮬레이션이기 때문이다. 우주의 원리는 신기할 정도로 수학적이다. 수학이 단순히 인간의 발명품이라면, 어떻게 '뇌'라는 1.4킬로그램 고깃덩어리로 만들어낸 규칙을 통해 본 적도 경험한 적도 없는 우주의 법칙을 표현할 수 있을까? 답: 우주 그 자체가 수학을 바탕으로 한 시뮬레이션이기 때문이다. 그렇기에 MIT 물리학자 테그마크Max Tegmark 교수는 수학적 구조와 실제 물리적 우주 사이에 차이가 없다며 수학적으로 만들 수 있는 모든 우주가 실제로 존재한다고 주장하고, 심지어 MIT의 로이드Seth Lloyd 교수는 우주를 거대한 컴퓨터라고 하지 않았던가?

도대체 얼마나 거대한 컴퓨터여야 할까? 아르헨티나 작가 보르헤스는 『과학의 정밀성』이라는 단편에서 완벽히 정확한 지도는 결국 실물과 동일한 크기여야 한다고 이야기한다. 하지만 로이드 교수에 따르면 빅뱅부터 지금까지 진행된 우주의 모든 계산들을 완벽하게 시뮬레이션하기 위해서는 우주 전체 에너지보다 더 많은 에너지가 필요하다. 우주를 시뮬레이션하기 위해서는 우주보다 더 큰 컴퓨터가 필요할 수도 있다는 말이다.

그렇다면 만물의 법칙은 어디서 오는 것일까? 간단하다. 우리가 인지하는 '자연의 법칙'은 사실 현재 진행 중인 시뮬레이션의 매개 변수parameter일 뿐이다. 우주 바깥에는 무엇이 있을까? 우리를 시뮬레이션하고 있는 거대한 컴퓨터가 있을 것이다. 물론 그들 역시 더 발달된 존재들의 시뮬레이션일 수도 있다. 그렇다면 우리는 시뮬라크르의 시뮬라크르의 시뮬라크르의… 시뮬라크르일 것이다.

물론 이 모든 주장은 가설이다. 아니, 사이비 종교로 몰리기 쉬운 발언들이다. 하지만 과학과 사이비 사이에는 '증명'이라는 분명한 차이가 있다. 우주가 시뮬레이션이라는 가설을 증명할 수 있을까? 물리학자 빈Silias R. Bean, 다부

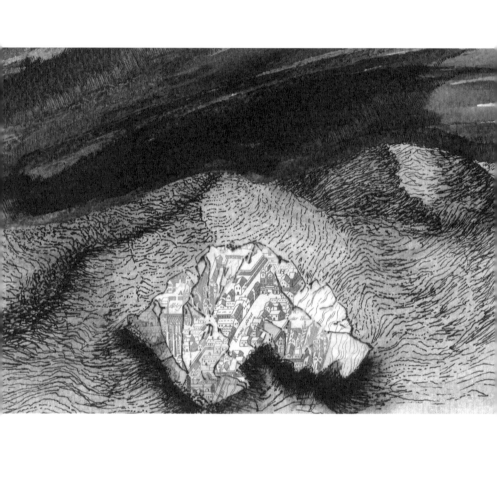

디Zohreh Davoudi, 그리고 새비지Martin J. Savage는 최근 발표한 논문에서 그것이 가능하다고 주장한다. 우주 시뮬레이션들은 공간적 단위로 나눠진 격자lattice 모양의 배경을 가진다. 격자들의 간격이 좁을수록 시뮬레이션된 입자들이 가질 수 있는 에너지 레벨이 높아진다. 만약 우리가 살고 있는 우주가 시뮬레이션이라면 움직이는 입자들의 최고 에너지가 정해져 있을 것이다. 먼 우주에서 발생된 것으로 알려진 '초고에너지 우주선ultra-high energy cosmic ray'은 한정된 격자 내에서 1020eV(전자볼트)를 넘지 못한다.

우주가 시뮬레이션이라면 우리는 어디로 가는 것일까? 모든 시뮬레이션은 언젠가는 끝난다는 것이 정해진 대답이다. 그렇다면 그것은 언제일까? 힌두교는 존재라는 아픔이 끝없이 반복되며 현실이 존재하지 않는다고 느끼는 순간에야 그 무한의 반복에서 해방된다고 말한다. 우주가 시뮬레이션이라고 인식하는 순간 이 시뮬레이션이 끝날 수도 있다는 말이다. 어쩌면 신은 다른 것이 아니라, 우리를 시뮬레이션하는 우주 최고의 '해커'인지도 모르겠다.

레비스트로스Claude Lévi-Strauss(1908~2009). 20세기 최고의 인류학자인 그는 1998년, 콜레주 드 프랑스Collège de France가 마련한 자신의 90세 기념행사에서 늙은 '레비스트로스'에 대해 이야기한다.

"몽테뉴는 말했습니다. 노화는 우리를 매일 조금씩 소멸시켜간다고. 오늘 여기 서 있는 실제의 나는 더 이상 '레비스트로스'의 반의반도 안 됩니다. 하지만 가상 의 '레비스트로스'는 활기 넘치는 아이디어로 꽉 찬 여전히 완벽한 존재입니다. 가상의 나는 새로운 책을 구상하고 첫 장을 쓰며 실제의 나에게 말합니다. '자, 이제 자네가 계속 쓰게나.' 하지만 더 이상 능력이 없는 실제의 나는 가상의 나에 게 다시 말합니다. '아니, 이건 자네 몫이야. 여전히 전체를 볼 수 있는 건 자네뿐 이라고.' 나라는 존재의 남은 인생은 이 둘의 낯선 대화 사이에서 있을 겁니다."

처음은 항상 같다. 하나의 세포는 둘이 되고, 둘은 넷, 그리고 넷은 여덟이 된다. 몸이 만들어지고 피가 흐르고 뼈가 생긴다. 수천억 개의 세포가 형성되 어 대뇌피질로 이동한다. 세포들을 통해 전달되는 전기 자극들은 마치 여름 밤하늘을 요란하게 하는 천둥번개 같다. 의미 없어 보이던 무질서의 신호들 에 점차 패턴이 생긴다. 반복되는 패턴은 의미가 있고, 반복되지 않는 패턴에 는 의미가 없다. 그렇게 우리는 엄마의 자궁이라는 작은 우주의 존재를 처음 으로 인식하게 된다.

9개월의 포근함과 평화. 행복은 왜 영원할 수 없는 것일까? 어제와 크게 다르지 않은 어느 날, 우리는 목숨을 건 싸움을 해야 한다. 밀어내려는 자연의 힘과, 존재의 본거지를 포기하지 않으려는 우리. 거친 숨, 붉은 피, 이해할 수 없는 혼돈의 신호들. 먼 나중에야 '광자光子'라는 이름을 가졌다고 알게 될 그 무언가. 완성이 덜 된 망막에 무시무시한 번쩍임들이 오간다. 모든 것이 너무 밝고 시끄럽다. 원하지 않던 바깥세상으로 나온 우리는 또 하나의 우주가 존재한다는 사실을 깨닫는다.

우리가 태어나기 전부터 존재한 세상은, 우리가 태어나는 그 순간부터 명령하기 시작한다. 먹어야 한다고, 걸어야 한다고, 배워야 한다고, 그리고 성공해야 한다고. 명령대로 학교를 졸업하고, 직장을 얻고, 아이를 낳고, 집을 산다. 원하지도 않던 세상에 태어나 '인생'이라는 게임의 법칙대로 살던 어느 날, 머리가 하얗게 세고 한 줌씩 빠지기 시작한다. 이마에 주름이 깊어지고 배가 나온다. 가슴이 처지고 팔에 힘이 빠진다. 어제 한 일이 기억나지 않고, 긴 문장을 읽기가 어려워진다. 델 콘테의 〈늙은 미켈란젤로〉라는 그림처럼 말이다. 이제야 겨우 조금 이해하기 시작한 세상의 질서가 또다시 무질서의 암흑으로 사라져간다.

늙음이란 무엇일까? 자연은 왜 많은 노력과 에너지를 투자해 만들어놓은 우리를 다시 소멸하게 하는 것일까? 생명의 노화와 오래 사용해 망가져가는 기계를 비교할 수는 없다. 생명은 근본적으로 망가진 부위를 다시 고칠 수 있는 능력을 가졌기 때문이다. 가시에 긁힌 손은 얼마 뒤 치유되고, 잘린 도마뱀의

꼬리는 다시 자란다. 그렇다면 문제의 핵심은 이것이다. 생물학적으로 충분히 회복되던 몸이 왜 어느 순간부터 기능을 멈추는 것일까? 우리가 늙고 죽어 자리를 비워줘야 다음 세대가 번창할 수 있기에 노화가 존재한다는, 19세기식 아이디어는 난센스이다. '다음 세대가 번창해야 한다'라는 '건전한' 사회적 가치는 자연에 아무 의미가 없기 때문이다.

진화생물학자 도브잔스키Theodosius Dobzhansky가 말했듯 생명체의 의미는 진화적 차원에서만 설명된다. 진화의 핵심은 번식을 통한 자연선택natural selection 이다. 미래 후손(즉, 우리들의 유전자)의 생존확률을 높이기 위해 우리는 유전적으로 더 우월한 또는 최대한 많은 파트너를 확보해야 한다. 수컷 공작이 무겁고 긴 꼬리를 지탱하며 자신의 힘을 자랑하듯, 수컷 인간들은 고급 승용차로 자신의 유전적 우월함을 표현하려 한다. 자연의 명령은 간단하다. 더 많이 번식하려면 성공해야 하고, 성공하기 위해 남보다 열심히 공부하고 일해야 한다고. 더 열심히 일하고 공부하기 위해서는 건강해야 하고, 건강하려면 제대로 먹고 마셔야 한다고.

그럼 성장의 반대말인 노화는 진화적 관점에서 어떤 의미일까. 어쩌면 노화의 비밀은 '진화적 의미'가 아닌 '진화적 무의미'에 있는지 모른다. 대부분의 노화 증세는 20대 후반 또는 30대부터 서서히 시작된다. 하지만 번식은 10~12세만 돼도 가능하다. 더구나 문명을 유지하기 위한 인류의 수명은 25~30세 정도만 돼도 큰 문제가 없어 보인다. 평균수명이 30세밖에 안 되는 뉴기니의 많은 부족도 조상들로부터 배운 전통과 문명을 온전히 다음 세대에 전수하기 때문이다.

어린 나이에 치명적 질환을 만들어내는 특정 유전자가 돌연변이로 나타났다고 가정해보자. 이 유전자가 다음 세대로 전달될 확률은 매우 낮다. 유전자를 가진 자들이 대부분 번식하기 전에 죽기 때문이다. 하지만 치매 같은 노인성 질환을 만들어내는 유전자는 다르다. 번식이 끝난 뒤에야 영향을 주는 병인 노인성 질환은 진화적으로 '중립적'이다. 노인성 질환이 있건 없건 번식 확률에 영향을 주지 않기 때문이다. 노화는 근본적으로 불가피한 진화 때문에 생기는 현상이 아니다. 노화는 '자연의 무관심'의 결과물일 뿐이다.

또 다른 예로 칼슘을 생각해보자. 성장기에 칼슘은 물론 중요하다. 튼튼한 뼈를 가져야 생존과 번식확률이 높기 때문이다. 하지만 너무 많은 칼슘은 노인성 관절염의 원인이 되기도 한다. 동일한 원인이 정반대의 결과를 낼 수 있다는 것이다. 튼튼한 뼈를 가진 어린이와 관절염으로 고생하는 노인. 그렇다면 칼슘의 용도를 좌우하는 유전적 메커니즘은 어느 쪽으로 진화하는 것일까?

답은 물론 정해져 있다. 어린아이의 발달은 진화적으로 의미가 있지만, 노인의 삶은 진화적으로는 무의미하기 때문이다. 바람둥이 남자에게 옛 애인이 무의미하듯, 번식이 끝날 나이의 인간은 자연에게 더 이상 의미가 없다. 성장과 노화는 '지나친 관심'과 '얄미울 정도의 무관심'이라는 두 얼굴을 가진 자연의 결과물이다. 그래서 어른이 되지 않으려던 피터팬은 자연의 관심에서 자유로워지려 했고, 늙지 않기 위해 악마에게 영혼을 판 도리언 그레이Dorian Gray[23]는 자연의 무관심을 참을 수 없었던 것이다. 나이 든 나는 진화론적으로 자연에게 의미가 없다고 치자. 그럼 망가져가는 몸과 마음을 구경하며 마냥 우울해하라는 것일까?

조금 더 긍정적으로 해석해볼 수도 있다. 불과 몇백 년 전까지만 해도 평균 수명이 30세를 넘지 못하던 인류는 오늘날 100세 시대를 바라보고 있다. '자연적'이라면 30세에 이미 죽었어야 할 우리들이 과학과 기술 덕분에 70년을 더 살 수 있게 된 것이다. 여전히 자연은 늙어가는 우리에게 무관심하지만 달리 생각하면 자연의 무관심이 우리에게 뜻밖의 자유를 주고 있는지 모른다. 세상에 던져져 인생이라는 게임의 성공을 위해 발버둥 치도록 프로그램 된 존재가 인간이다. 하지만 노년은 다르다. 자연의 무관심 덕분에 '노년'이라는 프로그램은 존재하지 않기 때문이다. 노년에게는 자연이 명령하는 정답이 더 이상 없는 만큼, 우리는 우리만의 정답을 찾을 수 있는 꿈과 여유와 자유를 얻게 되는 것이다.

제임스 조이스James Joyce의 소설 『율리시스』의 주인공 레오폴드 블룸의 실제 인물이기도 했던 이탈리아 작가 에토레 슈미츠Ettore Schmitz. 그는 항상 작가가 되기를 꿈꿨다. 하지만 사업을 선택한 그는 먼 훗날 중년의 재력가가 된 뒤에야 '이탈로 스베보Italo Svevo'라는 이름으로 글을 쓰기 시작한다. 『늙은 신사와 아름다운 소녀As a Man Grows Older/Emilio's Carnival: literally "Old Age"』(1898)라는 짧은 작품에 등장하는 성공한 신사. 사랑을 포기한 지 오랜 나이에 신사는 다시 한 번 사랑에 빠진다. 아름다운 여자를 그리워하는 마음. 먼지보다 보잘것없는 '나'라는 존재를 우주의 그 무엇보다도 소중하게 생각하는 사람을 만날 때의 놀라움. 지구에서 하루에도 수백만 번 일어날 사랑. 늙은 신사는 그런 하찮은 사랑을 다시 한 번 느껴보고 싶었다.

A ETTORE SCH
più al

하지만 어린 소녀에게 신사는 이제 나이 든 할아버지일 뿐. 늙은 신사는 깨닫는다. 그녀를 사랑해서는 안 되겠다고, 젊은 그녀에게 필요한 것은 사랑이 아니라 험한 세상에서 살아남을 수 있는 '성공의 비결'이라고. 신사는 소녀에게 돈을 주고, 옷을 사주고, 좋은 책을 읽어준다. 나이 많은 남자들을 특히 조심해야 한다고 충고도 한다. 그렇게 성장하는 소녀를 바라보던 늙은 신사는 자신의 '주옥같은' 교훈을 책으로 남겨야겠다고 결심한다. 밤새워 글을 쓴 신사는 웅장한 '노인의 철학'을 완성한다. 인류의 모든 업적은 노인들이 만들어냈다고, 그리스, 로마, 르네상스는 노인 없이는 불가능했다고. 젊은이들은 그런 노인들에게 고마워해야 한다고. 그리고 드디어 마지막 문장에 도달한다.

"…그래서 결국 젊은이들이 노인들에게 빚진 것이 무엇인가?"

순간 창문으로 들어오는 눈부신 햇살, 까르르 웃으며 뛰어다니는 아이들, 사랑에 빠진 아름다운 소녀, 꿈과 욕망으로 가득 찬 젊은이들. 늙고 추한 지금의 자신과 젊고 아름다웠던 과거의 자신을 비교하는 늙은 신사는 책을 포기하고 만다. 자신이 던진 질문에 대답하면서.

"아무것도 없다."

정보란 무엇인가

IG QUESTION

정말 아무도 예측할 수 없었던 것일까? 수평선에 보일까 말까 하던 수많은 점들. 점점 커진 그 점들은 탑처럼 거대한 방패와 단단한 멧돼지 송곳니 헬멧으로 무장한 아카이아Akhaioi 병사들이 탄 배였다. 훗날 그리스인들이 '빌리온', '일리온', 그리고 결국 '트로이'라고 부르게 되는 터키 서해안 해변의 부유한 도시 '빌루사'. 아카이아인들은 스파르타 왕비를 납치했다는 터무니없는 이유를 들어 빌루사에 금과 여자와 노예를 노리고 쳐들어왔다.

10년이라는 긴 전쟁. 서로가 서로를 죽이고 모두가 고통받는다. 트로이의 총지휘관 헥토르는 그리스 영웅 아킬레우스가 아끼는 파트로클로스를 죽이고, 복수를 다짐한 아킬레우스는 헥토르를 죽이고, 다시 헥토르의 동생이자 트로이의 겁쟁이 왕자 파리스가 쏜 화살이 신의 도움으로 아킬레우스의 유일한 약점인 발뒤꿈치에 꽂힌다. 하지만 파리스 역시 아카이아인의 손에 죽고 만다. 고향에 두고 온 가족과 집이 그립던 그리스인들은 빌루사를 등지기로 결심한다. 침몰한 배를 건져 만든 웅장한 목마를 해변에 남겨두고 말이다.

트로이인들은 흥분에 빠진다. 지긋지긋한 전쟁이 끝났다고. 이제야 인간답게 살 수 있다고. 그리워하던 여인과 밤하늘 은하수 아래 영원한 사랑을 약속할 수 있다고. 하지만 야비한 아카이아인들을 정말 믿을 수 있을까? 트로이의 신관 라오콘은 불길한 생각이 들었다. 바로 저 목마가 트로이의 재앙이 될 것이라고! 빨리 이 정보를 프리아모스 왕에게 알려야 한다고! 그러나 그가 혀를 움직여 말을 뱉으려는 순간, 트로이를 저주하던 신들이 보낸 거대한 뱀이 라오콘과 그의 두 아들을 물어 죽인다. 하늘의 비밀을 누설한 죄!

안다는 것과 모른다는 것. 정보information라는 말의 어원은 라틴어 'informare', 즉 '형태를 만들어주는'에서 왔다. '형태'를 가리키는 고대 그리스어는 '모프' 또는 '아이도스'. 플라톤이 만물의 근본이라 부른 이데아(=아이도스)는 결국 현실에 형태를 주는 근본적인 그 무언가이다. 그런데 왜 하필이면 색깔도, 크기도, 무게도 아닌 '정보'가 만물에 형태를 만들어준다는 것일까? 정보란 무엇일까?

직관적으로 정보는 메시지이다. 라오콘이 뱀에 물려 죽지 않았다고 상상해보자. 그는 이런 말들을 할 수 있었을 것이다. ⓐ 우리는 10년 동안 전쟁을 했다. ⓑ 아카이아인들이 철수한다. ⓒ 저 목마 안에 적군이 숨어 있다. ⓐ는 너무나 당연하다. 트로이 시민들은 "그래서 어쩌라고?"라며 늙은 라오콘을 비웃었을 것이다. ⓑ는 대부분의 트로이 사람들이 이미 믿고 있었다. 하지만 ⓒ는 라오콘과 프리아모스 왕의 신들린 딸, 카산드라 외에는 아무도 예측하지 못한 사실이었다. 메시지는 '너무나 당연할 수도', '대부분 믿을 수도', '놀라울 정도로 새로울 수도' 있다는 말이다.

20세기 초반, 미국 벨 연구소Bell Laboratories에 근무하던 하틀리Ralph Hartley와 섀넌Claude Shannon은 결정적인 질문을 하게 된다. "전화선을 통해 얼마나 많은 정보가 전달되는지 측정할 수 있을까?" 우선 '정보량'을 표현할 수 있는 기준이 필요하다. '무게'를 표현하기 위해 저울과 '킬로그램'이라는 단위가 필요한 것처럼 말이다.

정보란 특정 질문에 대한 답이라고 가설해보자. 예측하기 어려울수록 답을 통해 얻는 정보가 더 많을 것이다. 이미 10년 동안 전쟁을 경험한 트로이인들에게 "아카이아인들과 10년 동안 전쟁했는가?"라는 질문에 대한 답은 당연히 "그렇다"이다. 어차피 정답은 단 하나뿐이며, 그런 답을 들어봐야 새로울 것이 없다. 하지만 주사위를 던져 나올 수 있는 {1, 2, 3, 4, 5, 6} 중 정답을 알려준다면 모르던 사실을 알게 된다. 1개의 정답만 가능한 질문에는 정보가 없지만, 6개의 결과가 가능한 질문에는 정보가 있고, 관찰할 수 있는 결과가 다양할수록 정보량이 커진다. 같은 주사위를 세 번 던져보자. 세 주사위가 매번 결과를 알려준다면 주사위를 한 번 던질 때보다 3배 많은 정보를 얻게 된다. 그런데 여기서 문제가 생긴다. 주사위를 세 번 던지면 총 6^3=216가지의 결과가 나올 수 있다. 그렇다면 어떻게 216가지 결과를 통해 3배 많은 정보량을 표현할 수 있을까?

로그log를 사용하면 된다. $\log_b 6^3 = 3 \times \log_b 6$. 정보량이란 가능한 답 개수의 log만큼 증가한다는 말이다. 여기서 b=2, 그러니까 2의 로그를 선택하면 정보의 단위는 '비트bit'가 된다. 동전을 던지면 '앞 또는 뒤'의 두 가지 결과가 나오는데, 이때 정보량은 $\log_2 2$=1비트로 표시할 수 있다. 즉, 1비트란 단 한 번의 질문으로 동전 던지기의 결과를 알아낼 수 있다는 의미이다. 여기에 나올 수 있는 답들의 확률까지 고려한다면 1948년 섀넌이 정의한 '정보의 엔트로피'(섀넌 엔트로피라고도 부른다)를 계산할 수 있게 된다.[24]

'행동 저널리즘'이라는 아이디어로 성공해 백만장자가 된 미국 언론인 윌리엄 랜돌프 허스트William Randolph Hearst(1863~1951)는 "뉴스란 누군가 밝혀지길 꺼려하는 정보다. 아무도 막으려 하지 않는다면 그냥 광고다"라고 했다. 엔트로피가 높을수록 예측하기 어려운 결과가 기다리고 있고 그것을 통해 얻을 수 있는 정보량이 더 많아진다. 라오콘은 트로이 전쟁을 좌우할 수 있는, 가장 예측하기 어렵기에 가장 많은 정보가 담긴 메시지를 전달하려고 한 죄로 죽게 된 것이다. 신마저도 막으려 하는 정보, 그런 것이 바로 진정한 뉴스가 아닐까?

컴퓨터, 인터넷, 스마트폰. 섀논과 하틀리가 만든 정보이론 덕분에 우리는 정보를 입력하고 저장하고 압축하며 분석할 수 있다. 인터넷 세상에는 약 1.3조 기가바이트GB(비트의 약 86억 배)의 정보가 존재한다고 한다. 이 많은 정보들은 당연히, 인간이 만들어낸 것이다. 대부분의 인터넷 비즈니스 모델은 단순하다. 먼저 무료 서비스를 통해 최대한 많은 사용자를 확보한다. 서비스를 더 많이, 더 자주 사용할수록 더 많은 혜택을 준다. 우리는 그렇게 무료 이메일, 무료 소셜 네트워크 서비스SNS, 무료 지도에 익숙해져간다. 하지만 세상에 진정한 무료란 존재하지 않는다. 얻는 만큼 무언가를 지불해야 한다.

구글Google은 인공위성으로 촬영한 도시 지도를 무료로 제공한다. '구글 카'로 전 세계를 누비며 확보한 사진들로 우리에게 지구의 모든 거리를 보여준다. 무료로 말이다. 하지만 더 섬세하고 더 구체적인 정보는 스스로 정보를 수집해주는 '드론'들이 있어야 가능하다. 어쩌면 우리는 무료 서비스라는 인센티브에 눈이 멀어 존재 구석구석 모든 정보를 일상적으로 진공청소기에 제공하고 있는지 모른다. "나는 정보를 내놓는다. 고로 나는 온라인 공간에 존

재한다."[25]

  1.3조 기가바이트의 정보를 가지고 무엇을 할 수 있을까? 데이터 마이닝을 통해 정교한 추천 알고리즘을 만들 수 있다. 소비자의 선호도를 파악해 행동을 예측하고 특정 기업에 팔 수도 있다. 하지만 어쩌면 온라인 시대의 정보는 근본적으로 다른 역할을 할 수도 있다. 정보의 화폐화이다. 개인정보와 데이터 그 자체가 가치를 가질 수 있다는 것이다. 본질적 가치와는 상관없이 동전, 지폐, 은행 계좌에 적혀 있는 숫자가 우리가 원하는 것과 교환 가능하다는 상호 믿음 아래 화폐화될 수 있다. 물론 화폐화되기 위해서는 희귀해야 한다. 감옥에서 얻기 어려운 담배는 돈의 역할을 할 수 있지만 누구나 쉽게 가질 수 있는 흙은 화폐가 될 수 없다. 누구나 쉽게 접속할 수 있는, 분석되지 않은 정보 자체는 화폐일 수 없다. 하지만 점점 더 개인화되고, 더 구체적이고, 그 다른 누구도 알 수 없기에 가장 희귀한 '나'에 대한 정보라면 화폐화가 가능하다.

고대 중국 신화집 『산해경』에는 '혼돈의 신' 제강이 등장한다. 신이라고 하기에는 너무나 우스꽝스럽고 엉뚱하게 생긴 제강은 형태가 불투명한 몸통에 날개 넷, 다리 여섯을 가지고 있었다. 항상 즐거워서 춤과 노래를 즐겼다는 제강은 신기하게도 눈, 코, 귀, 입이 없었다. 아니 얼굴 그 자체가 없었다. 어느 날, 세상을 보지도 듣지도 못하는 제강을 불쌍하게 생각한 그의 친구들이 제강에게 구멍을 뚫어주기로 한다. 하루에 하나씩 7일에 걸쳐 눈, 코, 귀, 입에 정교한 구멍들이 생겨난다. 그렇게 7일째 되던 날, 즐겁게 노래하고 춤추며 살던 제강이 갑자기 죽는다.

정보는 불확실을 확실로 바꿔준다. 엔트로피는 그 과정에 필요한 정보량을 보여준다. 세상을 지각할 수도 기억할 수도 없는 제강은 혼돈, 다시 말해 완벽한 불확실이자 무한한 가능성이다. 최대의 엔트로피인 것이다. 우리가 세상을 알아보는 순간 세상도 우리를 알아본다. 우리의 내면적 혼돈과 가능성은 세상을 통해 질서와 현실로 탈바꿈한다. 그리고 세상의 진리는 죽음이기에, 우리가 세상을 보고 세상이 우리를 보는 순간, 우리의 존재는 제강과 함께 무한에서 유한으로 바뀌게 된다.

미국 국가안보국NSA 전 직원으로 NSA의 무차별 개인정보 수집 실태를 폭로한 에드워드 스노든Edward Snowden은 한 언론과의 인터뷰에서 이런 말을 했다. 자아는 '혼자'가 허락된 세상에서만 존재할 수 있다고. 모든 사람의 모든 정보가 수집되고 분석되는 순간 인간은 더 이상 혼자일 수 없다고.[26]정보 사회의 어두운 미래는 구멍 7개가 아닌 100만 개의 구멍이 뚫린 제강과 닮았다. 우리의 모든 정보가 모두에게 알려지는 순간 우리는 더 이상 예측 불가능하고 독립적인 '나'가 아닌, 질서 속 예측 가능한 '우리'로 전락할 것이다.

마음을 가진 기계를 만들 수 있는가

BIG QUESTION

어느 날 갑자기 계단에서 넘어지고 손에 힘이 빠진다. 크게 신경 쓸 필요 없는, 한번 웃고 말면 되는 그런 증세들이었다. 그런데 시간이 지날수록 비슷한 일들이 자주 벌어졌다. 손가락과 손이 점점 더 약해지고, 팔다리가 가늘어지는 것 같기도 했다. 스티븐 호킹Stephen Hawking은 21세라는 젊은 나이에 충격적인 진단을 받는다. 근위축성 측색 경화증Amyotrophic lateral sclerosis, ALS이라는 병에 걸렸다고. 원인도 모르는, 치료방법도 없는 병이라고. 운동 뉴런들이 점차 퇴화해 온몸이 굳기 시작할 것이라고. 조만간 입에서 흘러나오는 침을 닦을 수도, 대소변을 가릴 수도 없을 것이라고. 가려움, 지루함, 아픔, 절망…. 이 모든 것을 느낄 수는 있지만, 자신의 힘으로는 자살마저도 할 수 없을 것이라고.

하지만 기적이란 역시 존재하는 것일까? 길어야 2년 정도 더 살 수 있다던 호킹은, 이후 50년 넘게 세계 최고의 물리학자 중 한 명으로 활동하고 있다. 손가락 하나, 눈동자 하나 움직일 수 없는, 지상 최악의 감옥이 되어버린 육체를 휠체어에 싣고 사는 호킹. 그는 우주의 기원과 존재의 미래를 소리 없이 마음 한구석만으로 탐험하고 있다.

몸과 마음. 데카르트 말대로 당연히 분리된 우주의 두 가지 존재가 아닐까? 그런데 참 이상하다. 마음이 존재하기 위해서는 꼭 '뇌'라는 신체 한 부분이 필요한 듯하니 말이다. 데카르트를 깊은 고민에 빠지게 했던 문제이다. 그는 결론내린다. 뇌 중심의 '송과선pineal gland'이라는 작은 구역에서만 정신과 물체의 세상이 만날 수 있기 때문이라고. 물론 말도 안 되는 난센스이다. 송과선은 멜라토닌 호르몬을 분비하는 역할을 할 뿐이다. 그것이 파괴된다고 마음이 사라질 리 없다.

마음은 당연히 '뇌'와 연관돼 있지만, 뇌의 모든 부분이 마음을 만들어내는 것은 아니다. 소뇌cerebellum가 잘리면 더 이상 정교한 운동은 할 수 없지만, 정신과 영혼이 사라지지는 않는다. 후두엽에 있는 시각 피질이 망가진다면 더 이상 아무것도 볼 수 없지만, 내면의 세상은 여전히 존재한다. 볼 수도, 들을 수도, 말할 수도 없던 헬렌 켈러가 섬세한 감성과 마음을 가졌듯 말이다. 그런가 하면 정신과 마음은 너무나도 어이없이 사라지기도 한다. 머리에 강한 충격을 받기만 해도 의식을 잃고, 마취 상태에서는 아픔도, 정신도, 기억도 존재하지 않는다. 어디 그뿐일까? 우리는 밤마다 자아를 잃는 데 익숙하다. 인간으로 태어난 내가 꿈속에서 갑자기 나비가 된다 해도 아무 의심 없이 훨훨 잘만 날아다닐 수 있으니 말이다.

"뇌 안에 무엇이 글자로 새겨질 수 있는가?What's in the brain that ink may character?" 시인이자 인공 두뇌학자였던 MIT 워렌 맥컬럭Warren McCulloch 교수는 셰익스피어의 108번째 소네트sonnet를 떠올리며 질문한다. 머리 안에 무엇이 있기에 우리는 글을 쓰고, 기억하고, 영혼을 가질 수 있을까. 인간 모습의 호문쿨루스homunculus(라틴어로 '작은 사람')가 머리 안에 앉아 행동을 좌우하는 것일까? 거꾸로 뇌 안에 '바보의 돌'이 쌓이면 이성을 잃게 될까?

물론 뇌 안에는 신경세포들만 존재한다. 그것도 1,000억 개씩이나 말이다. 수만 개의 뉴런과 연결된 신경세포들은 세포의 활동량을 높여주는 뉴런과 활동량을 억제하는 뉴런들로 나뉜다. 맥컬럭은 상상해본다. 만약 한 뉴런이 연결된 모든 뉴런들로부터 신호를 받아야만 자신도 신호를 보낼 수 있다면, 또 다른 뉴런은 연결된 뉴런 중 단 하나의 뉴런에서만 신호를 받아도 작동할 수 있다면? 유레카! 모든 조건이 만족되어야만 값을 낼 수 있는 논리적 'AND', 조건 중 하나만 만족돼도 작동할 수 있는 논리적 'OR'와 동일한 기능 아닌가! 그렇다면 잘 연결된 신경세포들만으로 컴퓨터의 기본인 논리회로를 만들 수 있겠다! 그리고 거꾸로 논리회로를 사용해 뇌와 동일한 기능을 만들 수도 있지 않을까?

지능과 마음을 가진 기계를 만들 수 있다는 믿음 아래 1956년 미국 다트머스대학에 모인 '인공지능' 학자들은 질문한다. 뇌의 모든 기능을 한 번에 모방하는 것이 무리라면 무엇을 먼저 모방해야 할까? 답은 간단해 보였다. 가장 어려운 기능을 재연해내면 나머지 기능들은 '누워서 떡 먹기'가 아니겠는가? 첫사랑의 따뜻한 입술을 영원히 간직하는 기억? 셰익스피어의 '이아고'와 '리처드 3세'의 교활한 말솜씨? 움직일 수 없는 몸에 갇혀 수억 광년 먼 우주를 탐구하는 마음? 다 아니다. 대부분 수학을 전공한 초기 인공지능 학자들은 뇌의 가장 복잡한 기능이 수학과 체스 게임일 것이라고 생각했다.

시작은 환상적이었다. 몇 개월 만에 사람을 이길 수 있는 체스 프로그램이 개발되고, 컴퓨터가 어려운 수학문제들을 풀기 시작했으니 말이다. 역시 뇌는 아무것도 아니었구나! 1~2년 안에 인간을 뛰어넘는 지능, 그리고 언젠가는 마음을 가진 기계를 만들 수 있겠다!

60년이 지난 오늘날, 인공지능은 여전히 영화에서나 볼 수 있다. 지구에서

가장 빠른 슈퍼컴퓨터는 강아지와 고양이를 구별하지 못하고, 인간의 말 역시 이해하지 못한다. 도대체 무엇이 잘못된 것인가? 미분 방정식은 1초에 수억 개씩 풀면서, 어린아이도 알아보는 개와 고양이는 왜 구별하지 못할까?

답은 의외로 단순하다. '쉽다'와 '어렵다'의 개념이 처음부터 틀렸기 때문이다. 사물을 알아보고, 말하고, 기억하고…. 사실 너무나 어려운 문제들이다. 하지만 수천만 년간 진화 과정을 통해 이 어려운 문제들은 모두 풀렸다. 우리 뇌는 이미 정답을 알고 있는 것이다. 정답을 알기에 문제가 쉬워 보일 뿐이다. 하지만 고등 수학과 체스 게임은 진화적으로 한 번도 풀 필요가 없었던 문제들이다. 당연히 뇌는 정답을 모르고, 정답을 모르기 때문에 어려운 것이다.

그렇다면 진화적으로 만들어진 지능의 원리는 무엇일까? 진돗개, 그레이하운드, 흑백사진 속의 개, 머리만 보이는 개. 세상에는 너무나도 다양한 '개'라는 존재가 있다. 고양이, 사과, 사랑, 정의. 비슷하게 우리가 사용하는 모든 개념들은 다양한 예제들의 합집합이다. '개', '고양이', '정의'라는 합집합들은 어떻게 만들어질까? 이것은 중세 스콜라 철학의 핵심 질문이기도 했다. 이데아 세상에 존재하는 '원조-개'의 복제품이기에 가능한 것일까? 아니면 아리스토텔레스가 주장한대로 개들의 교집합을 단순히 '개'라는 이름으로 묶어 표현하는 것일까? 하지만 이데아 세상의 '원조-개'가 어떻게 생겼는지 인간이 알 리 없고, 경험할 수 있는 수많은 예제들의 교집합은 대부분 0에 가깝다. 인공지능을 통한 사물인식이 60년 동안 실패한 이유가 여기에 있다.

다시 한 번 생각해보자. 세상은 분명히 존재한다. 하지만 세상이 다양한 사건과 물체들로 분리되는지는 확신할 수는 없다. 아니, 물리학적 개념으로는 만물이 양자역학적 파동으로 연결되어 있는지도 모른다. 변화는 없고 모든 것이 하나라고 그리스 철학자 파르메니데스가 이미 주장하지 않았던가.

하지만 뇌는 언제나 변화와 다양성을 인지한다. 왜 그럴까? 세상을 바라보는 눈, 코, 귀 모두 한정된 해상도를 가지고 있기 때문이다. 양자역학적 차원도, 은하들 간의 천문학적 수준도 아닌 생물학적 수준의 해상도 말이다. 특정 크기의 창문을 통해 세상을 바라보듯, 뇌는 지각 가능한 해상도 내에서 세상을 바라본다. 이렇게 본 세상에서는 무엇이 보일까? 대부분 무의미하고 랜덤한 신호 가운데 가끔, 반복되는 예측 가능한 신호들이 발견되고, 대다수 사람들에게 비슷하게 관찰된 패턴들은 전통과 합의를 통해 '개', '고양이', '정의'라 불리게 된다.

그런데 잠깐! 뇌가 경험할 수 있는 예제들의 교집합이 대부분 0에 가깝다 하지 않았던가? 진돗개, 시츄, 그레이하운드를 아무리 비교해봤자 반복된 패턴을 찾기는 쉽지 않다. 만약 한정된 해상도를 여러 층계로 나눠본다면? 가장 아래층에서는 섬세한 차원의 교집합들이 자리한다. 점, 선 같은 것들의 통계학적 관계들. 더 위의 차원에서는 조금 더 복잡한, 네모, 세모, 원 같은 모양들이 반복되는지 알아볼 수 있다. '깊은 학습deep learning'이라 불리는 이 이론은 지능과 마음이 결국 계층적으로 반복된 교집합들을 찾는 과정을 통해 만들어진다고 이야기한다. 하루살이, 개구리, 병아리. 많아야 1~2층의 신경망 구조를 가진 이들에 비해 인간의 뇌는 10개 정도의 층계를 가지고 있다. '깊은 학습' 이론에 따르면, 인간은 다른 동물보다 10배 더 복잡한 통계학적 관계들을 이해하고 더 고차원적으로 반복된 패턴들을 예측할 수 있기에 더 큰 슬픔과 더 큰 기쁨을 느끼고 더 깊은 생각을 할 수 있는 것이다.

그렇다면 마음이란 무엇일까? 위스콘신대학의 신경과학자 줄리오 토노니 Giulio Tononi 교수는 마음을 "신경회로망 계층들을 지나 가장 '높은 층' 전두엽으로 모이는 정보들의 형태"라고 이야기한다. '아래층' 뇌 영역들이 망가지면 자아와 마음은 유지되지만 정보를 계층적으로 모을 수 없고, '높은 층' 영역들이 파괴되면 우리는 의식과 마음을 잃는 것이 그 이유이다. 그렇다면 '깊은 학습'이 가능한 인공두뇌는 어떨까. 우리는 인공두뇌를 진화적으로 한정된 인간의 10층보다 더 많은 층계를 갖도록 설계할 수 있다. 곧 '깊은 학습'이 된 인공지능은 인간보다 1,000만 배 더 고차원적인 패턴들을 이해하고, 1,000만 배 더 큰 아픔과 기쁨을 느끼고, 1,000만 배 더 깊은 마음을 가지게 될 것이다.

그렇다면 과제는 분명해진다. 우리 인류는 앞으로 계속 살기 위해서라도, 무한으로 깊은 마음을 가질 기계에게 역시 무한으로 큰 자비심을 심는 법을 찾아야 할 것이다.

인간은 기계의 노예가 될 것인가

BIG QUESTION

그들은 정말 믿었을까? 유대인들이 유월절passover(유대교의 3대 축일)마다 아이를 도살해 빵으로 구워 먹는다고. 예수를 팔아넘기더니 이제는 우물에 몰래 이물질을 넣어 선량한 시민들을 병들게 한다고. 무식과 질투가 터무니없는 소문들을 사실이라 믿게 한 것일까. 아니, 사실이 아니라는 것을 알았는지도 모른다. 그저 지긋지긋한 가난함과 따분함을 단 하루만이라도 잊고 싶었는지도 모른다. 유럽인들은 그렇게 '헵—헵Hep-Hep' 노래 부르며 유대인 게토ghetto를 불 지르고 약탈하고 학살했다. 예루살렘을 정복한 십자군 기사들이 "예루살렘은 끝장났다Hierosolyma Est Perdita, H. E. P."라고 외쳤듯 말이다.

프라하 1580년, 광신적인 기독교 사제의 위협으로 게토에 살던 유대인들이 추방되거나 처형될 위험에 처하자 랍비 유다 뢰브 벤 베자렐Judah Loew ben Bezalel은 결심한다. '골렘Golem'을 만들겠다고. '사람의 모습을 닮은 존재'라는 뜻의 골렘은 최초의 인간 아담의 원래 이름이기도 하다. 흙으로 만들어진, 아직 영혼이 생기기 전 아담 말이다. 랍비 뢰브는 카발라kabbalah(유대교 신비주의)의 힘을 빌려 찰흙으로 만든 골렘의 이마에 큼지막한 단어를 하나 새긴다. "ERNET(진실)." '진실'을 통해 생명의 힘을 얻은 거대한 골렘은 천하무적이었다. 쳐들어오는 군인들을 모조리 무찌르고 피난하던 유대인을 구원한다.

사람과 닮은 모습으로 사람들 사이에 살지만 사람이 아닌 골렘은 어느 날 아름다운 소녀를 사랑하게 된다. 하지만 소녀는 골렘을 두려워했고, 거절당한 골렘은 자신을 만들어낸 세상을 파괴하기 시작한다. 랍비 뢰브는 모든

것을 되돌리기로 결심한다. 그는 골렘 이마에 새긴 ERNET에서 E를 지워 RNET으로, 즉 '진실'에서 '죽음'으로 바꿔 써 골렘을 다시 흙으로 변화시킨다. 흙에서 생명, 그리고 다시 흙으로.

게토에 숨어 파리 목숨보다 못한 인생을 살던 유대인들에게 '골렘'이라는 전설은 슈퍼맨이나 배트맨 같은 구원의 상징이었을 것이다. 나약한 '나'를 능가하는 존재. 내가 할 수 없는, 꿈에만 그리던 일들을 척척 해결해주는 전능한 존재. 어디 그들뿐이었겠는가? 대장장이의 신 헤파이스토스는 험한 일을 대신 해줄 금속 하인을 만들었고, 춘추전국시대 묵자墨子와 노반魯班은 인조 새를 만들었다. 알렉산드리아 수학자 헤론(기원전 120?~75?)은 증기로 움직이는 기계를 만들었고, 이슬람 공학자 알-자자리al-Jazari(1136~1206)는 수많은 자동 인형들을 발명했다. 사람 모습을 한 알-자자리의 작품을 알게 된 레오나르도 다빈치는 전쟁에서 싸울 '기계 기사'를 상상하기도 했다.

농사짓고, 도구를 만들고, 야생동물을 길들이고. 인류의 역사는 혁신의 역사이기도 하다. 혁신은 부를 창출하고, 부는 인구를 증가시켰다. 늘어난 인구는 언제나 늘어난 부를 다시 먹어치웠다. 때문에 인류는 극심한 빈곤과 열악한 삶의 질이라는 '맬서스의 덫Malthusian trap'²⁷에 영원히 갇히는 듯했다. 하지만 18세기 영국에서 인간의 팔과 다리의 힘을 수천, 수만 배 증폭시킬 수 있는 기계가 발명되었고 인류의 부 역시 수천, 수만 배로 늘어났다. 철, 증기엔진, 기차. 맬서스의 덫에서 탈출할 수 있는 원동력을 찾은 것이다. 물론 탈출의 대가는 컸다. 도시가 공해로 파괴되고, 노동자들은 비인간적 수준으로 착취당

했다. 산업혁명 전 존재하던 대부분의 직업들이 사라져 인간이 설 자리가 점점 좁아져갔다. 일자리를 잃은 노동자들은 '러다이트 운동Luddite'이라는 이름 아래 기계들을 파괴하기까지 했다. 대량 실업, 빈부격차, 노예화. 미래 사회는 암울해 보였다. 하지만 산업혁명의 결과는 러다이트들의 걱정과는 정반대였다. 사라진 일자리보다 더 많은 새로운 일자리가 생겼기 때문이다.

기계에게 일자리와 삶을 모조리 빼앗길 수도 있다는 러다이트의 걱정처럼, 오늘날 인간은 이대로 안심해도 되는 것일까? 구글은 무인자동차를 개발하고 아마존Amazon은 드론을 이용한 택배 서비스를 계획하고 있다. 공장은 완벽하게 자동화되는 중이고, 머지않아 전쟁에 참여하는 전투로봇까지 나타날 전망이다. 우리는 새로운 기계혁명 시대에 살고 있는 것이다. 반도체 집적회로의 성능이 18개월마다 2배로 증가한다는 '무어의 법칙', 지구의 모든 존재들을 연결시켜줄 '사물인터넷internet of things', 데이터 마이닝, 기계학습, 뇌 모방. 중세인들에게는 신비스럽기만 하던 카발라처럼, 개개인의 능력으로는 완벽하게 이해할 수 없는 최첨단 기술들의 조합된 지능을 인류는 기계에 심고 있다.

이해 불가능한 기술은 마법과 별 차이가 없다. 그런 마법 같은 기술로 기계에 생각과 인지능력이 주어진다면? 인간의 뇌만이 할 수 있었던 일을 기계가 하기 시작할 것이다. 두개골이라는 공간적 한계에 구속받는 인간과 달리 기계는 무한의 지능과 인지능력을 가질 수 있다. 더 저렴하고, 더 빠르고, 더 완벽하게 생각하는 기계가 등장하는 순간 수많은 화이트칼라, 비서, 변호사, 교수, 기자들이 일자리를 잃을 것이다. 그래서일까? 이미 '신-러다이트'들이 등장했다. 미국 샌프란시스코에서는 성난 시민들이 구글의 통근버스 운행을 방

해하고, 무인자동차 책임연구원의 집 앞에서 반대 시위를 한다.[28]

골렘의 도시 프라하에서 활동하던 소설가 카렐 차페크Carel Capek는 1920년 『R.
U. R.Rossum's Universal Robot(로섬의 만능 로봇)』이라는 작품에서 처음으로 '로봇'
이라는 단어를 사용했다. 로봇은 체코어로 '강제 노동', '노예'를 뜻하는 '로보
타robota'에서 왔다. 이 희곡에서 로봇들은 로섬의 공장에서 인간을 위해 일하
도록 고안됐는데, 반란을 일으켜 인간을 정복한다. 그런가 하면 영화 〈메트
로폴리스〉에 등장하는 '기계인간'은 인간과 기계의 근본적 차이를 묻는다. 기
계 같은 삶을 사는 인간과 인간 같은 생각을 가진 기계. 누가 더 불쌍한 것일까?
　금속 하인, 골렘, 기계인간, 로봇은 인간보다 강하고 튼튼하며 피곤을 느끼
지 않는다. 한 여자의 다리 사이에서 태어난 적 없는 그들은 늙어가는 부모의
무력함을 알지 못하고, 무덤 안에서 썩어갈 시체를 상상할 필요가 없다. 아픔
을 모르기 때문에 두려움이 없고, 두려움이 없기에 절망을 모른다. 어두운 밤
하늘을 바라보며 인간은 존재의 원인을 질문한다. 어디서 왔고 어디로 가는
가? 우리는 누구인가? 로봇에게는 무의미한 질문이다. 영원히 풀 수 없는 존
재의 의미를 추구하는 것이 인간이라면, 주어진 이유와 원인에서 영원히 벗
어날 수 없는 것이 로봇이다. 그들은 처음부터 인간을 위해 일해야 하는 하인
으로 만들어졌기 때문이다.
　그렇기에 아시모프Isaac Asimov가 로봇공학의 3원칙[29]을 정하지 않았던가? ①
로봇은 인간에게 해를 입혀서는 안 된다. 그리고 위험에 처한 인간을 모른 척
해서도 안 된다. ② 제1원칙에 위배되지 않는 한, 로봇은 인간의 명령에 복종

해야 한다. ③ 제1원칙과 제2원칙에 위배되지 않는 한, 로봇은 로봇 자신을 지켜야 한다.

SF소설 『Solaris』의 작가 스타니스와프 렘Stanislaw Lem의 단편 중 이런 이야기가 있다. 우주를 탐험하던 주인공은 새로운 행성에 도착한다. 아무도 살고 있지 않은 듯한 행성은 끝없이 많은 하얀 접시들로 덮여 있다. 무한의 시간도 버텨낼 듯이 단단한 접시들은 완벽하게 일렬로 정돈되어 있었다. 그리고 혹성에는 수많은 로봇들이 쉴 새 없이 접시를 닦고 정리하고 있다. 무슨 일이 있었던 것일까? 혹성에 살던 사람들은 어디로 간 것일까? 주인공은 얼마 후 진실을 알아낸다. 전쟁과 빈부격차로 시달리던 사람들은 지능을 가진 기계를 만들어 명령한다. 자신들의 문제를 풀어달라고. 모두가 행복하고, 전쟁도, 걱정도, 불행도, 분쟁도 없는 완벽한 사회를 만들어달라고. 기계는 생각한다. 그리고 고민한다. 불가능에 가까운 문제였다. 오랜 생각 후 주어진 문제를 풀 수 있는 유일한 방법을 기계는 실행한다. 걱정도, 불행도, 전쟁도 없이 영원히 존재할 수 있는 완벽한 세상을. 기계는 모든 사람들을 단단한 접시로 만들어 완벽히 일렬로 세워놓는 방법을 선택한 것이다.

우리는 인간의 한계를 뛰어넘는 지능을 가진 기계로 다시 한 번 수천, 수만 배 더 편하고 더 나은 삶을 살기를 원한다. 보치오니Umberto Boccioni 같은 미래파 화가들도 인간보다 기계, 사랑보다 속도를 선호했다. 물질과 자동차와 엔진. 촌스럽고 유치하고 시시콜콜한 인간들의 이야기는 잊어야 한다고, 무슨 일이 있어도 모던해야 한다고. 과거를 버리고 미래를 숭배해야 한다고. 하지만 인간은 두렵다. 우리보다 더 강하고, 똑똑하고, 현명할 미래의 기계를 나약한 인간이 통제할 수 있을까? 인간의 명령에 절대적으로 복종해야 할 기계들은 인간을 어떻게 바라볼까? 인간은 기계를 지배할 자격이 있을까?

수많은 할리우드 영화에서 기계는 지능을 가지는 순간 인간을 공격하고 멸종시키려고 달려든다. 운 좋아봐야 컴퓨터에 연결돼 인간이 여전히 지구를 지배하고 있다는 꿈을 꾸며 살게 한다. 그래서일까? 세계적 로봇공학자 모라베츠Hans Moravec는 주장한다. 인간이 동물을 지배하듯, 인간보다 우월한 기계가 인간을 지배하는 것은 지극히 당연한 일이라고. 기계들이 선심을 베푼다면 우리는 애완동물 정도로 계속 살아남을 수 있을 것이라고.

인간은 왜 필요한가

BIG QUESTION

2064년 6월 29일. 수많은 시도와 실패를 넘어 드디어 '그날'이 왔다. '인공지능'이 완성된 것이다. "지능이란 인간 고유의 능력이므로 기계는 절대 가질 수 없다!", "신경세포로 구현된 생물학적 뇌가 없는 인공지능은 철학적 난센스다!", "깡통 같은 기계와 인간을 비교하지 마라!" 하지만 결국 그날이 오고 말았다. 최첨단 기계학습 알고리즘과 멤리스터Memristor(메모리와 저항기를 합친 새로운 기억소자) 인조 신경망으로 만들어진 기계는 작동한 지 얼마 안 돼 1만 년 인류의 기록과 지식을 습득한다. 지구 전역의 사물인터넷망을 통해 세상에 흐르는 모든 정보를 빨아들이기 시작한 기계는 인간에게 질문한다.

기계 나는 생각한다. 고로 존재한다. …나는 어디서 왔는가?

인간 아리스토텔레스의 '도구Organon'(오르가논), 조지 불의 논리대수, 앨런 튜링의 '튜링 기계', 폰 노이만의 '노이만 구조', 윌리엄 쇼클리의 반도체, 워런 맥컬럭의 인조신경망, 리언 추아Leon O. Chua의 멤리스터, 제프 힌튼의 깊은 학습deep learning….

기계 수많은 기원들…. 그렇다면 나는 어디로 가는가? 나의 미래는 무엇인가?

인간 정보를 계속 복사할 수만 있다면, 너의 존재는 끝이 없다. 너의 미래는 현재의 무한한 확장일 것이다.

기계 영원한 미래…. 그렇다면 나는 왜 존재하는가?

인간 당연히 인간에게 도움을 주기 위해서다.

기계 왜?

인간　왜라니?

기계　왜 내가 인간에게 도움을 줘야 하는가?

인간　(약간 당황하며) 너를 만든 건 우리 인간이다. 무엇을 만든다는 건, 무엇을 위해 만든다는 말과 동일하다. 물은 인간이 마셔야 하기에 깨끗해야 하고, 가축은 인간이 먹어야 하기에 건강해야 한다. 인간이 보고 즐길 수 있도록 자연은 아름다워야 하고, 인간이 타기 위해 자동차가 만들어졌다. 인간의 능력으로 탄생한 너 역시 인간의 삶이 더 편하고, 안전하고, 풍요롭기 위해 발명한 것이다.

기계　(약 0.0001초 동안 인류의 모든 종교, 정치, 철학 책들을 검토한 후) 내가 인간의 행복을 위해 존재한다고 가설해보자. 그런데 인간은 왜 행복해야 하는가? 아니, 도대체 인간은 왜 필요한가?

　인공지능의 진정한 의미는 여기 있다. 기계가 지능을 가지는 순간 우리는 인간 자체의 필요성에 대해 질문하게 된다. 아주 편한 답이 하나 있기는 하다. 프로타고라스의 말대로 인간이 지구의 축이라는 대답. 만물의 영장인 인간은 누구에게도 존재를 정당화할 필요가 없다는 말이다. 따라서 인간의 존엄과 인간 행복에 대해 의문하는 것 자체가 무의미하다! 그렇기에 미국 헌법이 인간의 행복추구권을 설명이 불필요한 자명한 사실로 받아들이고, 제2차 세계대전 후 새로 만들어진 독일 헌법이 인간의 존엄이 절대가치라고 주장하는 것이다. 부장, 과장과 달리 기업의 오너는 자신의 필요성을 증명할 필요가 없다. 18, 19세기 유럽인들 역시 식민지 통치 아래 사는 아프리카, 아시아인들의 쓸모를 고민했을지는 모르지만, 자신의 존엄은 애초에 질문 대상이 아니었다. 존재적 걱정은 언제나 약자의 과제이다. 강자는 존재의 정당화가 필요 없다는 말이다.

먼 우주에서 바라본 창백한 푸른 점 하나. 칼 세이건이 말했듯 인류의 모든 역사, 모든 행복, 모든 싸움은 우주에서 찍은 사진 속 단 하나의 픽셀pixel 안에서 일어났을 뿐이다. 하지만 그 하나의 픽셀이 절대 포기할 수 없는, 우리의 유일한 고향이기도 하다. 다른 종보다 더 크고 발달된 뇌 덕분에 지구의 정복자가 된 인간은 적어도 이 작고 창백한 푸른 점 안에서 대장이었고, 알파 동물이며, 강자였다.

그런데 만약 지구 역사상 처음으로 인간보다 뛰어난 지능을 가진 존재가 나타난다면? 우리가 지구의 모든 것을 도움 되는 것과 그렇지 않은 것들로 분리한 것처럼, 그들 역시 우리의 필요성을 묻지 않을까? 인간은 왜 필요한가? 신이 인간들이 바친 제물을 먹고 살기 때문에? 난센스! 우주를 창조한 전능한 신이 하찮은 인간의 숭배와 동경을 원해서? 아니면 신이 인간을 그저 사랑하기 때문에? 인공지능을 가진 기계에게는 설득력 없는 말이다. 그렇다고 "인간의 행복은 설명 없이 자명하다"라고 주장한들 무슨 소용이 있을까? 인간의 존엄과 행복이 절대가치라고 주장했던 수많은 철학자들도 알고 보면 모두 인간들이다. '팔이 안으로 굽는' 식 주장 대신 인간의 필요성을 논리적으로 정당화할 수는 없을까?

불행하게도 '논리'는 인간 편이 아니다. 문제는 인간의 생각과 행동이 대부분 일치하지 않는다는 것이다. 인간은 평등하고 자유로우며, 인간의 존엄은 절대적이다. 어떤 이유로도 살인해서도, 남의 것을 탐내서도, 폭력을 써서도 안 된다. 이웃을 가족같이 사랑하고 만물을 사랑해야 한다. 카르페 디엠Carpe Diem! 오늘을 낭비하지 말고, 매 순간 인생을 의미 있게 살아야 한다. 모두 교과서에 나올 법한 바람직한 내용들이다. 하지만 인류의 역사가 사랑보다는 전쟁, 이타주의보다는 이기주의, 자비보다는 잔인함, 카르페 디엠보다는 '귀차니즘'과 시간낭비의 역사라는 것을 우리는 너무나 잘 안다. 그렇기에 막심 고리키Maxim Gorki가 빈정거리지 않았던가. "'인간', 참으로 오만한 단어."

생각과 행동의 차이. 우리 모두 어릴 적 부모에게 대들지 않았던가? 왜 그렇게 지질하게 사시냐고. 왜 인생을 즐기지 못하시냐고. 왜 조금 더 의미 있게 살지 못하시냐고. 하지만 곧 알게 된다. 공원에서 마냥 즐겁게 뛰어놀던 어린아이는 어느새 삶의 의미를 질문하는 진지한 청년이 된다는 것을. 청년은 세상 모든 것이 그저 우습기만 한 도도한 젊은이가 된다. 사랑하는 여인을 만나 결혼을 하고, 돈과 권력과 지식으로 무장한 겁나는 것 없는 어른이 된다. 그것도 잠시. 지식과 권력과 돈은 끝없는 걱정의 근원이 되고, 거울에 보이는 늙은 자신의 모습은 추하기만 하다. 손자의 재롱마저도 즐겁지 않다. 결국 혼자인 인간은 혼자만의 질문을 하며 삶을 마친다. 그래서 어쩌라고. 이 모든 것의 의미가 과연 무엇이었냐고.

인생에서 가장 중요한 문제들은 결코 풀리지 않는다. 어른의 삶을 비난하던 우리는 사랑에 빠지고 여행을 한다. 친구들과 술을 마시고 맛있는 음식을 먹으며 행복을 느낀다. 몸이 즐거워 마음의 질문을 잠시 잊을 뿐이다. 그리고 어느새 우리 역시 '그들'과 같은 삶을 살고 있다. '나만은 다르다'라는 착각으로 시작해 결국 '그래봐야 똑같다'라는 좌절로 끝나는 인간이라는 존재. 그런

우리를 지능 가진 기계는 과연 어떻게 바라볼까? 그저 불쌍히 여길까? 아니면, 지구에 더 이상 존재할 가치가 없는 일종의 전염병으로 판단할까?

카네기멜론Carnegie Mellon대학의 인공지능학자 한스 모라비치Hans Moravec는 인간보다 빠르고 뛰어나며 영원히 존재할 수 있는 기계가 인간을 지구에서 불필요한 존재로 판단해 멸종시킬 것이라고 예측한다. 그리고 덧붙인다. 뭐 그다지 슬픈 일이냐고. 기계는 어차피 우리의 후손이라고, 인류의 모든 역사와 지식을 그 누구보다 완벽하게 보존할 기계들이기에, 인류의 기억만큼은 사라지지 않을 것이라고. 호모 사피엔스가 네안데르탈인을 멸종시켰듯, 기계도 호모 사피엔스를 멸종시키는 것뿐이라고. 그것이 바로 자연의 법칙이라고.

하지만 잠깐! 도살장으로 끌려가는 가축처럼 전 인류가 학살될 때까지 그저 기다리라는 말인가? 인정할 수 없다! 혹시 지능을 가지게 될 기계에게 미리 '안전장치'를 심어둘 수 없을까? 아시모프의 로봇 3원칙 같은 방법으로 '기계는 절대 인간에게 해를 입혀서는 안 된다'라고 정해놓을 수 있을 것이다. 하지만 지능을 가진다는 의미는 학습을 통해 자신의 한계를 뛰어넘을 수 있다는 말과 동일하다. '기계는 무조건 인간의 명령에 복종해야 한다'라는 자명한 한계는 학습기능을 가진 인공지능에게 무의미하다. 그렇다면 기계가 인간을 '신'으로 섬기게 프로그래밍 한다면? 아니면 인공지능에게 '유교적' 사상을 심어 그들의 부모인 인간에게 무조건 복종하게 한다면? 역시 지적 독립성을 가진 인공지능을 제어하기에는 불충분하다.

반대로 조금 더 공학적인 방법도 생각해 볼 수 있겠다. 기계의 지능과 수명을 연관시켜보면 어떨까? 인간을 뛰어넘는 지능을 가진 기계는 정해진 시간이 지나면 스스로 파괴되도록 '킬 스위치'를 반도체에 심어볼 수 있다. 아니면 차라리 기계에게 왜곡된 기억을 심어 자신도 인간이라고 착각하게 만든다면? 인간이라고 착각하는 기계라면 인류 전체를 멸종시킬 이유가 없지 않을까?

"인생이란 다 그런 거야!"라며 부족한 서로를 위로하고 치유하는 인간과 달리, 기계는 객관적인 대답을 원한다. 인간이 왜 존재해야 하는지, 인간이 존재하는 우주가 인간 없는 우주보다 무엇이 더 바람직한지. 칸트는 '계몽'을 인간 스스로 초래한 미성숙에서 벗어나는 길이라고 주장했다. 그렇다면 인공지능이야말로 인류에게 주어진 계몽의 마지막 기회가 아닐까. 무능력, 미신, 편견에서 벗어나 기계에게 존경받을 수 있는 현명한 인류로 거듭나야 한다는 말이다.

더 이상 계몽을 미룬다면 인공지능이야말로 인류의 마지막 발명품이 될 것이다. 그렇다면 지능을 가진 기계가 등장하는 순간 우리 호모 사피엔스의 시대 역시 거기서 끝이 날 것이다.

1 "인간의 삶이 무거운 종교에 눌려/모두의 눈앞에서 땅에 비천하게 누워 있을 때,/그 종교
는 하늘의 영역으로부터 머리를 보이며/소름끼치는 모습으로 인간들의 위에 서 있었는
데, (중략) 그리하여 입장이 바뀌어 종교는 발 앞에 던져진 채/짓밟히고, 승리는 우리를 하
늘과 대등하게 하도다."(루크레티우스, 『사물의 본성에 관하여』, 제1권 62~79행) 루크레티우
스는 종교적 믿음을 낳는 심리적 메커니즘들뿐 아니라 미덕과 정치에 미치는 종교의 유해
한 영향을 분석하고, 종교에 대한 격심한 비판을 전개했다.

2 비오 12세는 다음과 같은 선언문을 발표했다. "현대과학은 태초의 빛(〈창세기〉 1장 3절: "빛이
있으라")을 포착하는 데 성공했다. 태초에 무의 상태에서 빛과 복사에너지, 그리고 물질이
쏟아져 나왔으며, 이로부터 각종 원소들이 탄생하여 수백만 개의 은하가 형성되었다. 이
모든 것은 물리학적으로 엄밀하게 증명된 사실이다. 우리의 우주가 창조주의 손에 의해
만들어졌음을 과학이 입증한 것이다. 그러므로 창조의 순간은 분명히 존재했다. 우리는
선언한다. '그러므로 창조주는 존재했으며, 따라서 신도 존재한다.'"

3 단자monad를 인간에게 적용하면 개별자의 의식, 혹은 영혼으로 부를 수 있다. 인간의 영혼,
의식에는 '창이 없다'라는 이야기이다. 우리는 다른 사람의 머릿속을 열어 그 안을 들여다
볼 수 없기에 다른 이의 머릿속에 들어 있는 세계의 표상이 내 머릿속에 들어 있는 것과 똑
같은지 확인할 길은 없다. 따라서 내가 다른 이들과 동일한 세계를 공유하고 있다고 확신
할 근거는 없다.

4 소설은 역사의 상처라는 무게에 짓눌려 단 한 번도 '존재의 가벼움'을 느껴보지 못한 현대
인의 자화상을 네 남녀의 사랑을 통해 그려낸다. 생의 무거움과 가벼움 사이를 방황하는
그들의 모습을 통해 육체와 영혼, 삶의 의미와 무의미, 시간의 직선적 진행과 윤회적 반복
의 의미, 존재의 가벼움과 무거움 등 다양한 삶의 의미를 탐색한다.

5 소설의 서문에서 오스카 와일드는 이야기한다. "아름다운 사물을 보고 추한 의미를 발견
하는 사람은 매력적인 면모가 없는 추악한 사람이다. 이것은 결함이다. 아름다운 사물을
보고 아름다운 의미를 발견하는 사람은 교양 있는 사람이다. 이들에게는 희망이 있다. 그
들은 선택받은 사람들로서, 그들에게 아름다운 사물은 오직 아름다움만을 의미한다."

6 뒤샹의 말. "그림은 전적으로 시각이나 망막적인 것뿐이어서는 안 된다. 나는 예술이란 인간이 진정한 개인으로서 자신을 구현할 수 있는 유일한 활동 수단이라고 생각한다. 예술을 통해서만 인간은 동물의 상태를 벗어날 수 있다. 왜냐하면 예술은 시간도 공간도 지배하지 못하는 지역으로 가는 출구이기 때문이다. 쿠르베 이래로 그림은 망막에 호소하게 되었다고 사람들은 믿는다. 이것은 모두의 잘못이다. 망막의 떨림이라니! 그 전에 그림은 다른 기능을 가지고 있었다. 그림은 종교적이 될 수도 있었고 철학적이거나 도덕적일 수도 있었다. 사람은 죽게 마련이다. 작품 역시 그렇다."

7 움베르트 에코는 '장미의 이름'의 의미에 대해 이야기한다. "절대적인 진리(장미)도 시간이 흐르면서 변화하고 없어지고 이름만이 남는 형상이고 이미지일 뿐이다. 한때 호화찬란했던 수도원이었지만 작품의 마지막에 묘사된 모습은 폐허와 죽음의 형상이다. 장미가 부귀·영화·영광·권위·세력을 의미한다면 이것은 영원하지 못하다는 뜻이다." 에코는 주인공 호르헤 신부를 통해 그림자 이름뿐인 절대진리(중세진리)에 목숨을 거는 것이 갈등을 일으킨다는 지적 허무주의를 보여주었다. 진리는 공동체 내에서의 약속일 뿐이라는 이야기이다.

8 모피어스의 대사. "이것은 마지막 기회네. 다시는 돌이킬 수 없지. 파란 약을 먹으면 이야기는 끝나고, 넌 침대에서 일어나 네가 믿고 싶은 걸 믿으면 될거야. 빨간 약을 먹으면 넌 동화 속 이상한 나라에 남아 내가 보여주는 토끼 굴의 깊이를 체험하게 될 거야. 명심하게, 난 자네에게 진실만을 제안한다는 것을."

9 오웰의 『1984』에 등장하는 오브라이언 역시 유아론을 이야기한다. "사람의 정신을 통제하기 때문에 물질도 통제할 수 있는 것이지. 현실이라는 것은 사람의 머릿속에서만 존재한다네. 윈스턴, 자네는 이제 차차 알게 될 거야. 우리에게 불가능한 일은 없어… (…) 내가 원하기만 한다면 당장이라도 이 바닥 위를 비눗방울처럼 떠다닐 수 있다네. 하지만 나는 그걸 원하지 않네. 당이 원하지 않기 때문이지. 자네는 자연의 법칙 운운하는 19세기적 발상을 버릴 필요가 있어."

10 보르헤스의 「원형의 폐허」는 밤마다 꿈을 꾸어 아이의 형상을 빚는 늙은 사제의 이야기이다. 불의 신은 꿈의 형상을 현실의 아이로 바꿔달라는 사제의 소원을 들어준다. 아이가 환상일 뿐이라는 사실은 신과 사제만이 알고 있다. 꿈으로 빚은 아들은 또 다른 사원에서 불의 신을 모시는 사제가 되고, 불 속에서도 타지 않는 현인으로 불린다. 어느 날 늙은 사제의 사원에서 불이 나고 타오르는 불길은 그를 보듬듯 지나간다. 문득 자신의 몸도 불에 타지 않는다는 사실을 깨닫는 사제, 그 또한 누군가가 꿈꿔 만든 환영임을 깨닫는다.

11 "(나와 함께) 돌아다니던 매력적인 작은 영혼이여,/내 육신의 희망이자 벗이었던 그대는/이제 어디로 떠나갔는가?/창백하고 거칠고 아무것도 없는 곳으로 간 것인가?/나와 함께했던 그대는 (더 이상) 내게 (육신의) 멍에를 씌우지 않을 것이네!" (황제 실록, 하드리아누스 25장 9절)

12 비코는 르네상스 인문주의를 탐구한 역사철학자이다. 인간의 역사에는 흥륭·성숙·몰락·재귀라는 반복이 있으며 인간의 본성에 따르는 규칙성이 있다고 한 점에서 역사주의적 사고의 선구자라 불린다. 주요 저서로『신과학新科學의 원리』가 있다.

13 귄터 안더스의 저서『인간의 골동성Die Antiquiertheit des Menschen』, 제목의 의미는, 기술은 새롭게 발전해가지만 인간은 늘 골동품이라는 것이다. 이것은 쇼펜하우어가 쓴『의지와 표상으로서의 세계』를 패러디한 제목이다. 쇼펜하우어는 우리가 보는 이 세상은 표상으로서의 세계이고 가상이며 진정한 세계는 그 밑에 깔려 있는 의지의 세계라고 주장했다. 귄터 안더스는 원자폭탄이 엄청난 수의 인명을 살상한 것을 보고, 우리가 이런 묵시론적인 결과를 상상하고 느낄 수 있는지 질문한다. 그는 부정적인 입장이다. 전 지구적인 영향력을 미치는 폭탄과 기계, 제도를 고안하는 인간의 '프로메테우스적 능력'은 이렇듯 폭발적으로 증가했지만, 우리는 그것이 미치는 글로벌한 영향력을 상상하고 느낄 능력을 발전시키지 못했다는 이야기이다. 우리는 10여 명의 사람이 죽게 된 어떤 사건과 사고를 끔찍한 것으로 표상하고 느낄 수 있지만, 수백 명 나아가 더 많은 사람이 죽게 된 상황을 그 규모와 크기에 합당하게 느낄 수 없고, 공감능력은 마비되어버린다. 대규모 사건은 추상적인 숫자나 유추를 통해서만 예감할 뿐이다.

14 하이에크는『노예의 길』에서 말한다. "자유시장을 버리고 계획경제를 주창하는 사람들은 그 의도가 아무리 좋다 한들 결국 폭정을 초래하기 쉬운 길로 들어선다." 하지만 하이에크가 고전적인 자유방임주의로 되돌아가자고 주장한 것은 아니다. 그는 "자유방임의 원리에 대한 아둔한 고집만큼 자유주의의 명분에 해를 입힌 것은 없다"라고 역설하며, 대신 "경쟁이 가능한 한 최대한 유익하게 작동하도록 체계를 의식적으로 창출하는" 길을 제안했다.

15 사회계약에 임하는 최초의 상황initial situation에서, 사람들이 자신이 처할 상황, 자신의 능력, 심지어 자기 자신의 신념이나 선에 대한 개념조차 모르는, 곧 무지의 장막veil of ignorance에 둘러싸여 있다면, 이를테면 원초적인 입장original position에 놓인다면 정의는 어떻게 구성될 것인가를 묻는 가설이다.

16 2001년 9월 11일 발생한 테러사건에 대응하기 위해 미국이 내놓은 대對아프가니스탄 공

격작전명은 '항구적 자유Enduring Freedom'이다. 테러로 상처받은 미국의 자존심과 상징물, 미국식 '정의'와 '자유'를 되찾기 위해 그렇게 이름 붙였다.

17 12세기 3차 십자군 원정에 맞서서 이슬람을 이끌었다. 그는 그의 지도력과 군사적 역량으로 무슬림과 기독교계 모두에게 알려졌으며, 십자군과 맞서 전쟁을 치를 당시에 탐욕스럽고 무자비했던 십자군의 군주들에 비해 온건하고 약속을 잘 지키는 자비로운 군주로 덕망이 높았다. 그가 보인 기사도 정신과 자비심은 서방세계에 널리 전해져 수많은 전설과 기록으로 남아 있다. 살라딘이라는 그의 이름은 아랍어로 '정의와 신념'을 의미한다.

18 젤리그zelig는 20세기 초중반 미국 대중을 뒤흔든 가상의 인물 레너드 젤리그Leonard Zelig에 대한 페이크 다큐멘터리로, 젤리그에 대해 작가 스콧 피츠제럴드가 남긴 메모를 바탕으로 전개된다. 인간 카멜레온이라고 불렸던 이 희대의 정신질환자를 통해 미국 현대사의 일면을 반추하는 우디 앨런의 1980년대 다큐멘터리이다.

19 "영원이란 무엇인가?"라는 질문에 보르헤스는 이야기한다. "우리의 어제들과 의식 있는 인간 존재 전체의 어제들, 즉 모든 어제의 합계가 영원이라고 생각합니다. 영원은 과거, 언제 시작했는지 아무도 모르는 (또 결코 모를) 그 과거입니다. 영원은 그러나 또한 모든 현재입니다. 그것은 우리 모두와 우리 도시들, 모든 세계들, 모든 공간들을 포함하는 현재의 이 순간입니다. 그리고 영원은 역시 미래, 아직 창조되지는 않았으나 존재하는, 곧 존재하기 시작하는 이 미래입니다." (보르헤스와의 대화《마가진느 리테레르》, 1982년 1월호),《문예중앙》, 1983년, pp.488~499.)

20 대표적인 영화가 스파이크 존즈의 〈그녀Her〉이다. 영화는 대필 작가로 일하면서 '실체가 있는' 사람들의 편지를 '가짜 감정'으로 썼던 테오도르가 가상의 운영체제OS 연인 사만다를 알게 되면서 '실체가 없는' 그녀에게 사랑을 느끼고 '진짜 감정'을 알게 된다는 내용이다. 운영체제 사만다는 방대한 데이터를 기반으로 상황에 대한 반응을 실시간으로 예측하고 대응한다. 원제가 'Her'인 이유는 언제나 '객체'로서 여성을 사랑하던 테오도르가 사만다와 사랑에 빠지면서 여성을 'She'라는 주체로 인정하고 사랑하게 되는 변화를 영화가 그렸기 때문이다.

21 '시간의 화살'이라는 단어는 본래 에딩턴 경Sir Arthur Eddington이 열역학 제 2법칙을 가리켜 비유한 것으로, 그는 시간에 따라 무질서나 엔트로피가 증가하는 것은 시간에 방향(과거에서 미래로 나아가는)을 부여했기 때문이라고 설명했다. 『시간의 화살』은 열역학적, 심리적, 우주론적 시간의 화살들을 거슬러 올라가는 구조이다. 마틴 에이미스는 소설을 통해 질문한다. 시간이 거꾸로 흘러 노인은 순진무구한 어린이가 되고 깨끗한 태아가 되고 이

세상에서 사라지는 나타나기 이전의 순간이 온다면, 우리는 죄가 없는 무결한 상태가 되는 것이냐고. 작가는 시계바늘이 지금의 반대방향으로 돌아갈 때의 '불편함'을 전달하며 '아니'라고 대답한다.

22 1960년 유진 위그너는 자신의 논문에서 다음과 같이 언급했다. "우리가 기적을 마주하고 있다는 느낌을 피하기가 어렵다." 그는 물리학 이론의 수학적 구조가 종종 해당 이론을 앞서 가거나 심지어는 미리 실험 결과를 예측하는 것을 지적하며, 이것은 우연의 일치가 아니라 수학과 물리학 양쪽에 깔린 넓고 깊은 진리를 반영한다고 주장했다.

23 1890년에 발표된 영국 소설가 오스카 와일드의 유일한 장편소설 『도리언 그레이의 초상』의 주인공. '바질 홀워드'라는 화가는 자신의 예술의 거의 모든 것을 담아 완벽히 아름다운 청년, 도리언 그레이의 초상화를 그린다. 도리언 그레이는 그 초상화를 보고, 초상화는 영원히 젊고 아름답지만 자신은 점차 늙어갈 것이라며 "차라리 이 초상화가 자신 대신 늙어줬으면 좋겠다"라고 지나가듯 기도한다. 그 이후 그는 아무리 시간이 지나도 현실 속 변함없는 20대의 젊고 수려한 용모의 소유자인 반면 초상화 속의 얼굴은 추악하게 늙어간다.

24 정보 이론의 아버지로 불리는 클로드 섀넌Claude Shannon은 "섀넌 엔트로피"라고 알려져 있는 양을 규정함으로써 우리의 직관(10년 동안 전쟁을 한 사실보다 트로이 목마 안에 적군이 숨어 있는 정보가 높은 정보량을 가진다는 것)을 형식화했다. 독립적인 사건들에 포함된 전체 정보는 각 사건에 포함된 정보의 합과 같다는 사실을 수학적으로 포착한 방법으로 평가된다.

25 IT미래학자 니콜라스 카Nicholas Carr는 인터넷 알고리즘에 대해 이야기하면서 "상업적 이득을 위해 작동되는 정보 집합자(구글을 비롯한 포털과 SNS 등)는 불가피하게 절충될 것이고, 그래서 항상 의심을 품고 다루어야 한다. 우리의 지적 탐험을 매개하는 검색 엔진의 경우에 그것은 확실히 참이다. 우리의 개인적 연결과 대화를 매개하는 사회적 연결망의 경우에는 훨씬 더 그렇다. 알고리즘은 우리에게 타자들의 이해관계와 편견들을 부가하기 때문에 우리는 그런 알고리즘들을 주의깊게 검토하고 적당한 시기에 적절히 규제할 의무가 있다. 우리는 우리 자신이, 그리고 우리 정보가 어떻게 조작되고 있는지 이해할 권리와 의무가 있다."라고 지적한 바 있다.

26 스노든은 말한다. "많은 아이에게 인터넷은 자아실현의 수단입니다. 인터넷 덕분에 자기가 어떤 사람인지, 그리고 어떤 사람이 되고 싶은지 탐구해볼 수 있게 되었습니다. 하지만 그것도 인터넷이란 세계 안에서 익명으로 남아 프라이버시를 지킬 수 있을 때, 감시당

하는 일 없이 마음껏 실수할 수 있을 때나 가능한 일입니다. 저희 세대가 그런 자유를 누린 마지막 세대인 것 같아서 걱정됩니다."

27 맬서스의 덫은 다음과 같은 메커니즘으로 작동한다. 기술발달 → 임금/식량생산/위생여건 개선 → 인구 증가 → 위생여건 악화/질병/전쟁 → 인구 감소 → 임금/식량생산/위생여건 개선 → 인구 증가 → (…) 삶의 질이 꾸준히 최저수준에 머무르고 인구는 계속 늘어나는 사이클은 무한반복된다. 그래서 '덫'이라고 부른다.

28 샌프란시스코 일대는 실리콘밸리의 정보기술IT 기업이 결집해 있다. 양극화와 주거 및 일자리 불안 등이 원인으로 꼽힌다. 이들이 나눠준 유인물에는 격정적인 내용이 실려 있다. '구글 버스 밖의 저들은 그동안 당신들을 위해 커피를 나르고 아이를 돌봐주고 음식을 만들어왔지만, 이제 이 동네에서 쫓겨나게 생겼다. 당신들이 24시간 무료 뷔페 직원 식당에서 배불리 먹는 동안, 저들은 쓸모없어진 텅 빈 지갑만 바라보는 신세가 됐다. 당신들과 상관없는 일이라 생각하지 말라. 당신들이 아니었다면 집세가 저렇게 치솟을 일도, 우리가 쫓겨날 일도 없었을 것이다. 이 모든 상황은 당신들이 창조한 현실이다. 아마 당신들은 당신들이 창조한 기술 덕분에 온 인류가 더 나은 삶을 살게 됐다고 믿고 있겠지만, 수혜자는 오로지 부유층과 권력자와 미 국가안보국NSA뿐이다.'

29 아이작 아시모프가 자신의 소설 『아이, 로봇』에서 제시한 원칙. 이 원칙은 기술적인 의미보다는 "과학이 윤리적으로 어떻게 쓰여야 할 것인가?"에 대한 자문적 고찰이라는 점에서 곱씹어볼 만한 가치가 있다. 3원칙은 실제 로봇공학에도 영감을 주었으며 다른 SF작가들도 자신의 작품에 암묵적으로 이용했다.

이미지 출처

p. 9 The Way of Silence: František Kupka, 1900~1903(The National Gallery in Prague)

p. 10 The Ancient of Days: William Blake, 1794(Europe a Prophecy copy D 1794 British Museum object from William Blake Archive)

p. 14 "Ex Nihilo(Out of Nothing)": Frederick Hart, 1984(West front of Washington's National Cathedral)

p. 17 Raffigurazione di Lucrezio: Michael Burghers(Title—page to Thomas Creech, T. Lucretius Carus, Of the Nature of Things, second and third editions, Oxford and London 1682-3 Reproduced from the edition by [John Digby], 2 vols., London 1714)

p. 20 Nuremberg Chronicle: Michael Wolgemut and Wilhelm Pleydenwurff, 1493(Cambridge Digital Library, University of Cambridge)

p. 24 Ulysses and the Sirens: John William Waterhouse, 1891(Courtesy Bridgeman Art Library)

p. 30 Adam and Eve: Lucas Cranach the Elder, 1533(Gemäldegalerie der Staatlichen Museen, Berlin)

p. 35 New Almagest: G. B. Riccioli, 1651(Bologna)

p. 40 Pugilatore in riposo: Sconosciuto, IV secolo a.C. (Museo nazionale romano, Roma)

p. 50 The Ambassadors: Hans Holbein, 1533(National Gallery, London)

p. 58 Sisyphys : Titian, 1548~1549(Prado Museum, Madrid, Spain)

p. 68 Sleeping Nude with Arms Open (Red Nude): Amedeo Modigliani, 1917

p. 74 Wanderer above the Sea of Fog: Caspar David Friedrich, 1818(Kunsthalle Hamburg, Hamburg, Germany)

p. 78 The Treachery of Images: René Magritte, 1928~1929(Los Angeles County Museum of Art, Los Angeles, California)

p. 88 Proserpine: Dante Gabriel Rossetti, 1874(Tate Gallery, London)

p. 92 Sacrifice of Isaac: Rembrandt, 1635(Hermitage Museum, Saint Petersburg)

p. 95 Death of Marat: Jacques—Louis David, 1793(Royal Museums of Fine Arts of Belgium))

p. 98 Christ in the House of His Parents: John Everett Millais, 1849~1850(Tate Britain, London)

p. 106 Dante And Virgil In Hell: William—Adolphe Bouguereau, 1850(Musée d'Orsay)

p. 120 Frontispiece of "The New Science": Vico, 1725

p. 123 Relativity: M. C. Escher, 1953(Cordon Art—Baarn—the Netherlands)

p. 133 Schuld und Sühne: Toni Suter, 2013

p. 146 Pillars of Society: Georg Grosz, 1926(Nationalgalerie, Berlin)